素数定理のからくりからゼータ関数まで

素数ほどステキな数はない

小島寛之

技術評論社

まえがき

素数とは、1と自分自身以外に約数を持たない2以上の整数です。みなさんは、素数のことを耳にしたことがあるでしょうし、また、素数は不思議な数だと知っておられるでしょう。本書は、そんな素数の魅力を余すことなく紹介する本です。

本書のウリを箇条書きすると次のようになります。素数に敬意を表し、番号は素数としました。

2. 素数の法則を初歩から最先端までありったけ網羅した。
3. 素数に挑んだ数学者たちの人となりを紹介した。
5. できるだけ本書内で知識が閉じる（self-contained）ように、必要な数学ツールに初歩からのわかりやすい解説を付けた。
7. 素数のナゾを解き明かしながら、高校・大学の数学を自習できるようにした。だから、数列・場合の数・対数・三角関数・無限和・微分積分・虚数・合同式の参考書としても使える。
11. ゼータ関数について、これ以上簡単に説明するのはムリというぎりぎりの解説に挑戦した。
13. 素数定理とベルトラン予想の証明を書ききった。
17. 素数を使う数理暗号について、わかりやすい紹介をした。

さて、あなたも是非、本書で、「素数名人」まで昇りつめて下さい。そうすれば、素数に恋するワクワク・ドキドキの豊かな人生を送れること請け合いです。

小島寛之

素数ほど面白い数はない

入門編

素数ってなに？ なんで注目されるの？

素数とは、約数を二つしか持たない2以上の整数のことです（約数に負の数を含める定義もありますが、ここでは正の整数に限定します）。2以上の整数は、必ず、1と自分自身を約数に持ちます。これを「自明な約数」と呼びます。したがって素数は、「自明な約数以外に約数を持たない2以上の整数」と言い換えられます。

例えば、整数13を割りきることのできる正の整数は1と13だけです。つまり、13の約数は1と自分自身13のみです。したがって13は素数です。

素数は古代から人類が意識していたと推測できます。複数の人からなる集団があれば、品物を公平に等分するのはよく直面する問題であり、その場合、約数が多いほど扱いやすいことは経験的にわかります。例えば、36個の品物は2人、3人、4人、6人、9人、12人、18人、36人で等分できますが、37個だと37人でしか等分できません。この意味では、素数は最もやっかいな数です。

この素数という数は、数学の教科書だけに出てくるものではなく、世の中でもしばしば話題となる存在です。例えば、以前、こんなニュースが大きな扱いで報道されました。

「最大の素数 更新」(朝日新聞朝刊　2016年1月24日)

これは、2233万桁という巨大な素数が発見され、(当時の)最大の素数の記録が更新された、という内容の報道です。米セントラルミズーリ大のカーチス・クーパー教授が、世界中のコンピューター約800台をつなげて、計算によって確認したのです。

なぜ、巨大な素数が発見されるとニュースになるのかというと、ネット上のパスワードを暗号化するのにそれが用いられているからなのです。私たちのパスワードが他人に盗まれて悪用されることがなく、安全に暮らせるのは、巨大な素数のおかげなのです。

さらに今世紀に入って、素数を使う数理暗号の重要度はさらに大きくなりました。それは、「暗号通貨」という「インターネット上のお金」に応用されたからです。暗号通貨には、ビットコインやイーサリアムやリップルなどたくさんの種類がありますが、それらはみな「ブロックチェーン」という技術の上で成立します。ブロックチェーンには電子署名という数理暗号を用いた個人認証が使われているのです。いまや、素数はお金を支える技術ともなりました。数理暗号や電子署名は109～112ページで解説します。

数学者は素数が大好き

素数を数学的に扱った最初の書物は、紀元前3世紀頃のユークリッド『原論』です。この数学書の第9巻に「素数は無限個ある」という証明が載っています(26ページで解説する)。これは「ある集合の要素の個数が無限」という高度な数学の定理であり、そういう意味で『原論』は時代を超越した数学書だったと評価できます。

『原論』におけるこの証明を最初に発見したのは紀元前500年頃のピタゴラスであろう、というのが有力な説です。ピタゴラスは宗教家で、「数」をあがめる教義を唱えていたので、素数について思索するのは不思議ではありません。しかし、『原論』以前に「無限」の関わる定理の証明を得たというのは驚異的なことです。ピタゴラスの思想は「数秘術的」であり、素数はそういう関心にマッチする存在であったのでしょう。

素数に業績を残したギリシャ時代のもう一人の学者は、紀元前200年代に活躍したエラトステネスです。彼は、素数をシステマティックに発見するアルゴリズムである「エラトステネスのふるい」に名を残しています(42ページで解説する)。

ギリシャ数学以降しばらく、素数に関する関心は薄れていましたが、それを甦らせたのは17世紀フランスの数学者フェルマーです。フェルマーは素数についての面白い性質をたくさん発見しました。それを受け継ぎ発展させたのが、18世紀スイスの数学者オイラーでした。オイラーは数学全般にわたって業績を残していますが、素数についても数々の重要な発見をしました。中でも「ゼータ関数」の発見はここ３世紀の数学研究に大きな影響を与えました(73ページで解説する)。

フェルマーの後継者としてもう一人挙げるべきなのは、19世紀ドイツの数学者ガウスです。ガウスはフェルマーが研究した素数の性質に緻密な証明を与え、その上で現代的な数論の方法論を樹立しました。それで「数論の祖」と呼ばれます。ガウスの発見した「平方剰余相互の法則」(平方剰余については175ページ)は、その後の数論の発展に大きな方向性を与えたものでした。

20世紀は「数論の時代」と言っていいほど、数論が数学研究の中心に位置するようになりました。数論の爆発的な発展の下、ヴェイユ予想、ラマヌジャン予想、フェルマー予想など、解決が難しいと思われていた予想が華々しく解決されました。これらの定理の証明には素数が大きな役割を果たしているので、「素数の世紀」と呼んでも過言ではありません。

では、素数のいったい何が、そんなに数学者たちをひきつけるのでしょうか？以下、それを説明しますが、それを読むと数学者だけでなく読者の皆さんも、素数の面白さの虜になることでしょう。

素数は不規則に出現する

素数の面白さの最たるものは、その「不規則さ」です。

まず、100までの素数を列挙してみましょう（表 入門-1）。

表 入門-1　100までの素数

2	3	5	7	11
13	17	19	23	29
31	37	41	43	47
53	59	61	67	71
73	79	83	89	97

この25個です。眺めてみればわかる通り、非常に不規則ですね。次に、どのくらいの割合で素数があるのか、それを表で見てみることにしましょう（表 入門-2）。

表 入門-2　素数の割合

範囲	素数の個数	パーセンテージ
1～100	25個	25%
1～1000	168個	16.8%
1～10000	1229個	12.29%
1～100000	9592個	9.592%
1～1000000	78498個	7.8498%

パーセンテージを見れば、1以上n以下に素数が含まれる比率は、nが大きくなるにしたがって、だんだん小さくなってい

くこと、つまり、「数が大きくなると、素数の割合はどんどん小さくなっていく」ということが見てとれます。実際、このことは単なる予想ではなく、実際に証明できることです。証明するには、n以下の素数の個数をおおざっぱでいいから式で評価することが必要です。本書では、あとでその式評価を与えます（例えば、77ページ）。

ところで素数の割合はどんどん減っていきますが、前の節で紹介したように、大きな数になると素数がなくなってしまう、ということはありません。素数はいつまでも出現します。素数が無限個あることは、紀元前にピタゴラスが証明しているからです。

素数の末尾はいくつ？

素数の出現は非常に不規則です。したがって、整数を見たとき、それが素数であるかどうか、すぐにはわかりません。

とは言っても、偶数ならすぐに判定できます。最初の偶数2は素数ですが、2以外の偶数にはもう素数はありません。2より大きい偶数は必ず自明でない約数2を持つからです。末尾が0, 2, 4, 6, 8だったらその数は偶数、だから素数でないとすぐに判断できます。

では末尾が奇数だったらどうでしょうか。

末尾が5の整数は特殊です。末尾が5の数は必ず、5で割り切れます。15は5×3、25は5×5のような具合です。したがって、末尾が5の整数で素数なのは5のみです。5以外で末尾が5の整数を見たら、素数でないと判定することができます。以上から、次の法則が得られます。

〈素数の末尾の法則〉

10以上の整数nが素数のとき、末尾は、1, 3, 7, 9のどれかに限られる。

もちろん、この法則の逆は成り立ちません。末尾が1, 3, 7, 9のどれかだからと言って素数にならない場合はたくさんあります。21、33、27、39はいずれも素数ではありません。すべて3で割り切れるからです。91は3で割り切れないので、一瞬、素数かと思いがちですが、残念ながら素数ではありません。7でも13でも割り切れるからです。

素数ファンは、数字を見ると素数かどうかを確認したくなる習性があります。かくいう筆者もその部類です。自動車のナンバープレートの数字や、支払いのレシートの数字などを見ると、ついつい約数を探してしまいます。このとき、末尾が偶数だったり、5だったりすると詰まらなくてがっかりします。

素数の末尾に偏りはあるの？

10より大きい素数の末尾が、1, 3, 7, 9のどれかであることを前節で説明しました。実は、末尾が1の素数、末尾が3の素数、末尾が7の素数、末尾が9の素数、そのどの種類も無限の個数が存在することが証明されています。このことも44ページで解説します。

そうなると興味が出てくるのは、素数のこの4個の末尾に偏りがあるのか、ということです。例えば、末尾7の素数は多いが、末尾1の素数は少ないと言った具合に偏りがあるなら、素数になりやすい奇数と素数になりにくい奇数があることになります。

表 入門-3は最初から1億番目までの素数を、末尾で分類して個数を調べた表です。

表 入門-3　素数の末尾による分類

末尾が1	末尾が3	末尾が7	末尾が9	合計
24999437	25000135	25000401	25000027	100000000

みごとに、どれもほとんど2千5百万個にとても近い個数となっており、均等に存在していることが見て取れます。素数の出現は不規則だけど、たくさんの素数を見ると4つの末尾は均

等に出現する、ということが推測されます。これは素数にも「統計法則」のようなものが成り立っていることを示唆しています。

ところが、最近になって、素数の末尾について、ちょっと面白い発見がなされました。

さきほどの最初の1億個の素数について、「次の素数の末尾」も一緒に観測するのです。二個の連続する素数の末尾で分類する、と言い換えてもいいです。

図 入門-1の最初の「1→1」は、末尾が1の素数が連続している組の数です。例えば素数421の次の素数が431となっている場合がそれにあたります。そのような組が4623042組ある、ということを表しています。同様に「7→9」は、末尾が7の素数の次の素数の末尾が9となっている組の数で、それが7431870組あることが見て取れます。

そこで**図 入門-1**をよくよく眺めてみてください。「ぞろ目が相対的に少ない」ということに気づくのではないでしょうか。表の対角線に並んでいる1→1、3→3、7→7、9→9というのが他の組に比べると相対的に少ないですね。この発見をしたのは、２人の数学者OliverとSoundrarajanによる2016年の論文です（[1]）。４つの末尾が均等に現れるなら、連続する末尾も均等になるのが道理に思えます。

図 入門-1　連続する素数の末尾

1→1	1→3	1→7	1→9
4623042	7429438	7504612	5442345
3→1	3→3	3→7	3→9
6010982	4442562	7043695	7502896
7→1	7→3	7→7	7→9
6373981	6755195	4439355	7431870
9→1	9→3	9→7	9→9
7991431	6372941	6012739	4622916

しかし、実際は**図 入門-1**に見るように明らかな偏りがあるわけです。これは、素数が単なる「確率的なランダム」とは異なる分布をしていることを教えてくれます。OliverとSoundararajanは、このような偏りが生じる原因を数学的に分析しています。それは、「証明」ではなく、ハーディとリトルウッドの提出した予想を利用した「説明」です。したがって、彼らの主張は「予想の根拠」の一つと見なされます。

双子素数予想

素数について、末尾以外でも注目されていることがあります。「双子素数」がその一つです。

偶数の素数は2しかありませんから、隣り合う整数がともに素数となるのは2と3のペアだけです。あとは、素数は必ず奇数ですから、素数と次の素数は必ず2以上の差があります。その最小の差2を持つ素数の組を「双子素数」といいます。3と5、5と7、11と13、… が双子素数です。

インターネットで調べたところ、現時点（2021年6月）での最大の双子素数は388342ケタの素数の組とのことです。こんな大きな双子素数が見つかっていること自体、神秘ですよね。

表 入門-4　双子素数の間の数

双子素数	3 , 5	5 , 7	11 , 13	17 , 19	29 , 31	41 , 43	47 , 49
間の数	4	6	12	18	30	42	48

表 入門-4に最初のほうの双子素数とその間の数を列挙しました。観察してみると、最初を除いて、あとの間の数はすべて6の倍数であることがわかります。つまり、次の法則が成り立つ予想がたちます。

〈双子素数の法則〉

5以上のpと$p+2$が双子素数なら、間の数$p+1$は6の倍数である。

この証明はとても易しいです。いま、すべての整数は6で割った余りが6未満で、0, 1, 2, 3, 4, 5のいずれかであることに

注目します。したがって、すべての整数は、

(6の倍数), (6の倍数)+1, (6の倍数)+2, (6の倍数)+3,
(6の倍数)+4, (6の倍数)+5

のいずれかになります。上に現れる(6の倍数)を6以上とすると、

(6の倍数), (6の倍数)+2, (6の倍数)+3, (6の倍数)+4

は素数にはなり得ません。なぜなら、(6の倍数)+3は3で割り切れ、他の3つは偶数だからです。したがって、素数になり得るのは、

(6の倍数)+1, (6の倍数)+5

だけです。これらが隣り合う奇数(差が2の奇数)になるには、11(=6×1+5)と13(=6×2+1)のように、(6の倍数)+5が素数で、それに2を加えてできる(次の6の倍数)+1が素数である可能性しかありえません。したがって、双子素数の間の数は、(6の倍数)となるのです。

数学者たちは、「双子素数は無限組ある」と予想しています。これを「双子素数予想」と呼びます。双子素数予想は、現在未解決ですが、今世紀になって大きな進展がありました。「隣り合う素数で、その差が246以下の組は無限に存在する」ということが証明されたのです。この「246」を「2」に変えることができれば、双子素数予想は肯定的に解決されることになりますが、現在のアプローチの改良でそれが可能かどうかはわかりません。双子素数については、六段編でもう少し触れます。

ゴールドバッハ予想

素数に関する未解決の予想でもう一つ有名なものに「ゴールドバッハ予想」があります。

〈ゴールドバッハ予想〉

4以上のすべての偶数は、素数2個の和である。

小さい数について確かめると、

$$4=2+2, 6=3+3, 8=3+5, 10=5+5, 12=5+7, \cdots$$

のように、確かに成り立っています。

この予想は、ゴールドバッハが1742年にオイラーに送った手紙に端を発します。ゴールドバッハは、次のような予想を書きました。

「6以上のすべての整数は、3個の素数の和である」・・・(G)

これを読んだオイラーが、返事の中に、上記のゴールドバッハ予想を書いたのだそうです。

実は、この二つの予想は同値になっています。今、ゴールドバッハ予想が正しいと仮定します。すると、$N \geqq 3$なる整数について、

$$2(N-1)=p_1+p_2$$

を満たす、素数p_1とp_2が存在します。この式を変形すれば、

$$2N=2+p_1+p_2\,,\ 2N+1=3+p_1+p_2$$

となりますから、6以上の任意の偶数$2N$と次の奇数$2N+1$がともに3個の素数の和で表されます（7以上の奇数が3個の素数の和で表せる、という予想を「弱いゴールドバッハ予想」と呼びます）。つまり、予想（G）が証明されます。

逆に、予想（G）が正しいとすれば、$N \geqq 3$なる整数を2倍した偶数$2N$について、

$$2N=p+p_1+p_2\ (p \leqq p_1 \leqq p_2)$$

なる3個の素数p, p_1, p_2が存在します。3個の素数の和で偶数が表されているので、1個が偶数でなくてはならず、最も小さい素数pが2とわかります。すると、両辺からその2を引いて、

$$2(N-1)=p_1+p_2$$

が得られます。4以上の偶数は必ず$2(N-1)$と書けますから、4以上の偶数が2個の素数の和であることが示されました。

「ゴールドバッハ予想」は、今でも未解決です。他方、「弱いゴールドバッハ予想」については、数学者ヴィノグラードフが1937年に、「十分大きい奇数は3個の奇素数の和である」ことを証明しました。これはハーディとリトルウッドが1923年の

論文で開発した円周法と呼ばれるフーリエ級数を用いるテクニックを利用したものでした。

さらに、1956年にボロシチンという人が、「十分大きい」を「$3^{3^{15}}$より大きい」と改良することに成功しました。さらには、2013年に、ヘルフゴットが$3^{3^{15}}$以下の奇数について確認をし、「弱いゴールドバッハ予想」を完全解決したとする論文を発表しました。その証明は、多くの数学者が認めているようですが、2021年6月現在、正式な検証は終わっていません。

メルセンヌ素数

素数は不規則に出現するので、すべての素数を小さい順に見つけるのは非常に難しいです。一方、巨大な素数を見つけるには、現実的な方法があります。それが「メルセンヌ素数」と呼ばれる素数を探す手続きです。メルセンヌ素数とは、2のべき乗から1を引いた数（メルセンヌ数と呼ばれる）の中で素数となるものです。小さい順にいくつか挙げると、

$$2^2-1=3,\ 2^3-1=7,\ 2^5-1=31,\ \cdots$$

という具合。

2021年6月現在、51個のメルセンヌ素数が発見されています。51番目のメルセンヌ素数が発見されたのは、2018年12月で

す。これは2の82589933乗引く1という数で、24862048ケタという「巨大な素数」になります。新書はおおよそ10万字くらいなので、この素数を新書に掲載するには、248冊ほどの新書が必要です。

メルセンヌ数で大きな素数が見つかるのは、メルセンヌ数が素数であるかどうかを判定する単純な方法（リュカ・テスト）が発見されているからです。判定には、「リュカ-レーマー数列」というのを使います。この数列は、「一つ前の数値を使って次の数値を計算する」という再帰的な仕組みだからコンピューターに適しているのです。これについては、55ページで解説します。

現在知られている「巨大な素数」は、みなメルセンヌ素数です。それ以外に、「巨大な素数」を得る方法はわかっていません。にもかかわらず、「メルセンヌ素数が無限個ある」という証明も得られていません。もし、メルセンヌ素数が有限個だとすれば、「巨大な素数」を見つける作業はどこかで限界に達し、他の方法を模索しなければならなくなります。「メルセンヌ素数は無限個あるだろう」と多くの数学者が信じていますが、その証明は相当困難であるとも考えられています。

Column

素数魔法陣

筆者は中学生のとき、初項 199、公差 210 の等差数列を使って、素数魔法陣というのを作って、数学の教師を驚かせ、鼻高々だった武勇伝を持っています。魔法陣というのは、3×3の方陣のマス目を 1 から 9 までの数で埋めて、縦の 3 個の数の和も、横の 3 個の数の和も、斜めの 3 個の数の和も同じ 15 になるようにしたものです。図がその一例です。

筆者は、この魔法陣を加工して、素数魔法陣を作りました。

8	1	6
3	5	7
4	9	2

素数魔法陣とは、3×3の方陣のマス目をすべて異なる素数で埋めて、縦・横・斜めの和が同じ数になるようにしたものです。作り方は、簡単です。図の魔法陣から、一定数を引いても魔法陣であることは変わりありませんから、すべてのマスから 1 を引きます。

7	0	5
2	4	6
3	8	1

この魔法陣の各マスに同じ数を掛けても魔法陣であることは変わりません。そこで、210 を掛けます。

1470	0	1050
420	840	1260
630	1680	210

最後に各マスに同じ 199 を加えても魔法陣であることは変わりません。そのようにして作ったのが、最後の「素数魔法陣」になります。これは、$199+210(n-1)$　$(n=1, 2, \cdots, 9)$ という等差数列を成す素数（45ページ）を利用したものです。

1669	199	1249
619	1039	1459
829	1879	409

なぜ、素数は無限にある？

初段編

素数は無限にある

入門編では、ピタゴラスが「素数は無限にある」という証明を行い、それがユークリッド『原論』に収録されたのであろう、という説を述べました。そこでこの節では、そのピタゴラスが得たと考えられる証明を紹介しましょう。

この証明は、「素数は無限にある」ということを示すばかりでなく、「新しい素数を見つける方法をも与える」もので、そういう意味では画期的な証明でした。

その方法とは、「得られている素数のリストを利用して、そのリストにない新しい素数を得る」という手続きです。このような手続きがあるなら、

「リストに素数が何もないところで、素数2を加える」→「素数2だけのリストから、2ではない素数pを得て、pをリストに加える」→「素数2と素数pから成るリストから、リストにない新しい素数qを得て、リストに加える」→ …

という作業で、いくらでも新しい素数を得ることができます。したがって、素数が無限個あることが証明されます。

さて、「得られている素数のリストを利用して、そのリストにない新しい素数を得る」とは、具体的には、次のような手順です。

［素数のリストを作る手順（アルゴリズム）］

(i) 素数2をリストに加える。

(ii)リストの素数をすべて掛け、1を加える。それでできた数の約数のうち「1より大きい最小の約数」を求める。それは必ず素数であり、新しい素数を与える。

(iii) (ii)で新しく見つかった素数をリストに加え、再度(ii)に進む。

この手続きの最初のほうを、具体的に実行してみましょう。

まず、最初の素数2をリストに入れます。ここで、リストは{2}となります。

手続き(ii)に移ります。リストの素数を全部掛けます。リストには2しかないので、掛け算の結果は2です。次に掛け算の結果2に1を加え3を得ます。そして、3に対する「1より大きい最小の約数」を探します。それは3自身です。これは新しい素数になります。手続き(iii)で、これをリストに加え、リストは{2, 3}と変わります。

再び手続き(ii)に戻ります。リストの2個の素数、2と3、を掛け合わせて1を加えます。$2 \times 3+1=7$ができます。大事なことは、この数が、掛け合わせた2でも3でも割り切れないことです。なぜなら、2×3は2の倍数でかつ3の倍数だから、1を加えると2の倍数からはずれ、3の倍数からもはずれます。したがって、この7は、実際に割り算しなくても、2でも3でも割り切れない、とわかるのです。ということは、7の約数には2、3以外の新しい素数が含まれるはずです。つまり、2とも3とも異なる新しい素数が見つかるということなのです。実際、7自身が「1より大きい最小の約数」であり、新しい素数にあたります。手続き(iii)に移り、リストは{2, 3, 7}と3個になります。

もう一順やってみます。

今、リストの3つの素数、2と3と7を掛け合わせて1を加えると、$2\times3\times7+1=43$ができます。2と3と7の積に1を加えているので、この43は2の倍数でも3の倍数でも7の倍数でもありません。したがって、43の約数には、2、3、7以外の素数が含まれることがわかります。実際、「1より大きい最小の約数」は43自身。これで、リストは4個の素数、{2, 3, 7, 43}となりました。

次の一巡がとても大事なので、もう一巡だけやってみましょう。

リストの4個の素数、2と3と7と43を掛け合わせて1を加えます。$2\times3\times7\times43+1=1807$となります。今までと同じ議論から、この1807はリストの素数2、3、7、43を約数に持たないので、リストの素数以外の素数が含まれます。

この場合が大事なのは、これまでと異なり、1807は素数とはならないことです。そこで最小の約数を見つけるために、2、3、4、…と順に整数で割っていきます。すると、13が初めて1807を割り切ることがわかり、これが「1より大きい最小の約数」となります。こうして、5個目の素数13が見つかるのです。これで素数のリストは、$\{2, 3, 7, 43, 13\}$となりました。

リストの素数の積に1を加えた数の「1より大きい最小の約数」がリストのどの素数とも異なっていることは、これまでの説明で理解できたでしょう。しかし、その「1より大きい最小の約数」が素数となっている、ということは説明されないとわからない人も多いでしょう。理由は以下のようです。

リストの素数の積に1を加えた数mの「1より大きい最小の約数」nが仮に素数でなかったとすると、nには「1より大きいがnより小さい約数」aが存在しなければなりません。これは、nの約数なのだから、当然、mの約数でもあります。すると、nが、mの「1より大きい最小の約数」があることに反してしまいます。したがって、nは素数でなければならないのです。

以上によって、「素数が無限にある」ことが証明されました。なぜなら、この手続きを繰り返せば、常にリストに新しい素数が加わるからです。

ユークリッド－マリン数列

ピタゴラスの証明にちなんで、数学者マリンは1963年の論文で、リストに加わる順に並んだ素数の数列を定義し、「この数列に（リストに）全素数が現れるか」、という問題を考えました（[2]）。それでこの数列は、その後、「ユークリッド−マリン数列（Euclid−Mullin sequence）」と呼ばれ、$\{p_n\}$と記されるようになりました。具体的には次のような数列です。

$$\{p_n\} : 2, 3, 7, 43, 13, 53, 5, 6221671, \cdots$$

（2から13までは、最初の節で求めてあります。）

数学者・黒川信重さんによれば、数学者たちは「ユークリッド−マリン数列$\{p_n\}$にすべての素数が現れる」と予想しているそうです（[3]）。しかし、その証明には今のところ手がかりさえありません。

実際、ユークリッド−マリン数列$\{p_n\}$はその積が巨大な数となるので、積に1を加えた数の素因数分解がものすごく大変なのです。例えば、6項目は6221671と急に大きな素数になります。43項目までは1990年代に計算済みでしたが、44項目以降の計算は非常に困難で、2019年5月の段階では51項目までしか求まっていません。中でも48項目はなんと75ケタもの巨大な素数なのです（[3]）。

もう一つのユークリッド−マリン数列

ユークリッド−マリン数列$\{p_n\}$に仮にすべての素数が現れる、というのが正しいとするなら、それは「1より大きい最小の約数（それは素数）」を取っていることに大きく依拠するはずです。なぜなら、約数の選び方を変更するだけで「すべての素数が現れなくなる」ことがわかっているからです。実際、最初の節の手続きの(i)と(iii)は同じまま、(ii)を次の(ii)'のように変更してみましょう。

(ii)' リストの素数をすべて掛け、1を加える。それでできた数の「最大の素因数」を求める。それが新しい素数を与える。

このように変更しても、やはり、「素数が無限にある」ことの証明を与えていることは同じです。

このようにして作られる数列もユークリッド–マリン数列と呼ばれますが、記号は大文字を使って$\{P_n\}$と記します。

$$\{P_n\}：2, 3, 7, 43, 139, \cdots$$

$\{P_n\}$も素数が無限に並ぶのですが、前節の$\{p_n\}$とは異なる順番で現れます。さらには、この数列$\{P_n\}$には決して現れない素数があることがわかっているのです。

例えば、素数5は決して現れることがありません。なぜでしょうか。

仮に素数5が第k項目のP_kに現れたとしましょう。それは、1項目P_1から$(k-1)$項目P_{k-1}までの積に1を加えた数Xの最大の素因数が5であることを意味しています。1項目が2、2項目が3であることから、1項目P_1から$(k-1)$項目P_{k-1}までの積は2の倍数でもあり、3の倍数でもありますから、それに1を加えたXは2と3を素因数として持ちません。すると、「最大の素因数を選ぶ」というルールから、Xの素因数は5だけです。

Xの素因数は5だけということは、Xは5のべき乗だということです。すなわち、$X=5^a$でなければなりません。ここで、有名な因数分解公式、

$$x^a-y^a=(x-y)(x^{a-1}+x^{a-2}y+\cdots+xy^{a-2}+y^{a-1})$$

において、$x=5$、$y=1$とすることで、

$$X-1=5^a-1=(5-1)(5^{a-1}+5^{a-2}+\cdots+5+1)$$

となることから、$X-1$(これはP_1からP_{k-1}までの積)は4の倍数となります。しかし、異なる素数列$\{P_n\}$には素数2が一回しか現れないので、その積が4の倍数となることはありません。これは矛盾です。したがって、数列$\{P_n\}$には素数5が現れないことが示されました。

ちなみに、数学者ブッカーは2013年の論文で、素数列$\{P_n\}$に現れない素数が無限個あることを証明しています([2])。

4 で割った余りでの分類

素数を「割った余り」で分類する研究は古くから行われていました。フェルマー(10、42、59ページなど)はそういう研究

をした一人です。

中でも「4で割った余り」での分類は有名です。

4で割った余りは(4未満の数なので)、0、1、2、3のいずれかになります。偶数の場合は、4で割った余りは0または2、奇数の場合は1または3になります。

余りが0になる素数は存在しません。余りが0ということは4の倍数ということであり、4の倍数が素数になることはないからです。余りが2になる素数は、偶数の素数ですから、素数2の一個のみです。2以外の素数はすべて奇数で、「奇素数」と呼ばれます。奇素数の余りは1または3のどちらかになります。最初のほうを列挙すると、

4で割った余りが1：5, 13, 17, 29, 37, 41, 53, 61, ･･･

4で割った余りが3：3, 7, 11, 19, 23, 31, 43, 47, ･･･

のようになっています。「4で割った余りが1」の数は「4の倍数に1を足した」数となりますから、「$4n+1$型素数」と呼ばれます。同様に、「4で割った余りが3」の数は「4の倍数に3を足した」数となりますから、「$4n+3$型素数」と呼ばれます。分類を見るとどちらの型も対等に存在するように見えます。したがって、次の二点が興味の的となります。

＊どちらの型の素数も無限にあるか？

＊もし、両方とも無限にあるなら、「同じくらいの頻度」で出

現するのか？

第一の疑問を言い換えると、「$4n+1$型素数が途中からなくなってしまい、それ以降の素数はすべて$4n+3$型になる、とか、その逆とか、そういうことはありえるのか」ということです。また、第二の疑問を言い換えると、「任意の大きな数Xに対して、X以下の素数を分類したとき、$4n+1$型素数と$4n+3$型素数はおおよそ同数存在するか」ということです。

答えを先に言いましょう。両方とも答えは「イエス」なのです。両方の型の素数とも、無限個あり、しかもほとんど同数あるのです。前者を定理として記述しておきましょう。

定理〈素数を４で割った余り〉

$4n+1$型素数も、$4n+3$型素数も、どちらも無限個存在する。

$4n+3$型素数が無限にある理由

定理「素数を4で割った余り」の$4n+3$型素数のほうは、ピタゴラスの方法（ユークリッド『原論』の方法）に、ちょっとだけ新しい工夫をほどこすことによって証明することができます。つまり、$4n+3$型素数をいくらでも発見できる手続きがあるのです。以下のようなものです。

[$4n+3$型素数のリストを作る手順(アルゴリズム)]

(i)素数3からスタートする。

(ii)既に見つかっている$4n+3$型素数をすべて掛け、さらに4を掛け、1を引く。できた数を割り切る素数を小さい順に見つけていく。その中に必ず$4n+3$型素数が見つかる。それが新しい$4n+3$型素数を与える。

(iii)新しく見つかった$4n+3$型素数をリストに加え、(ii)に進む。

具体的にやってみると、次のようになります。ステップ(i)からリストに素数3を入れます。

次にステップ(ii)から4倍して3を引きます。$3\times4-1=11$、これは$4n+3$型素数。そこで、ステップ(iii)として、リストに11を加え、リストは{3, 11}となります。

そこでステップ(ii)に戻り、リストの素数の積3×11を4倍して1を引きます。$3\times11\times4-1=131$。これは$4n+3$型素数ですから、ステップ(iii)でリストに131が加わり、リストは{3, 11, 131}となります。

もう一巡やってみましょう。

ステップ(ii)からリストの3個の素数の積に4を掛けて1を引きます。$3\times11\times131\times4-1=17291$、これは$4n+3$型素数なので、リストは{3, 11, 131, 17291}となります。

ここまではずっと素数が出てきていますが、もちろん、いずれは素数でない数が出てきます。そのときは、約数の中から $4n+3$ 型素数で最も小さいものを見つけてリストに加える、ということになります。

では、どうしてこのシステムで、延々と新しい $4n+3$ 型素数が見つかるのでしょうか。その理由を説明しましょう。

まず、「既に見つかっている $4n+3$ 型素数をすべて掛け、さらに4を掛け、1を引く」という計算でできる数は4で割ると3余る整数であることを確認します。実際、既に見つかっている $4n+3$ 型素数をすべて掛けた数を M とすると、できる数は $4M-1$ です。これは、

$$4M-1=4(M-1)+3$$

と変形することができるので、確かに4で割ると3余る整数となります。

この $4M-1$ は、掛け算に使ったどのリスト中の $4n+3$ 型素数も約数にもちません。なぜなら、$4M$ はそれらの素数の倍数になっているので、1を引くと倍数からずれるからです。したがって、$4M-1$ を割り切る素数は、すべてリストにない素数ということになります。

さらに、この $4M-1$ を割り切る素数の中に必ず $4n+3$ 型の素数があるのです。このことを証明するために、まず、次の事実を確認しましょう。すなわち、

$4n+1$型素数の積は、4で割ると1余る数。

このことを証明するために、$4a+1$という素数と$4b+1$という素数を掛け算すると、

$$(4a+1)(4b+1)$$

$$=16ab+4a+4b+1=(4\text{の倍数})+1$$

となることを確認します。つまり、$4n+1$型素数の積は4で割ると1余る数です。したがって、$4n+1$型素数を何個掛け算しても4で割ると1余る数でしかありません。もしも、$4M-1$のすべての約数が$4n+1$型の素数だとすると、これらの素数を掛け算することで得られる$4M-1$も4で割ると1余る数になってしまいますが、これは$4M-1$が4で割ると3余ることに矛盾してしまいます。したがって、$4M-1$を割り切る素数の中に必ず$4n+3$型素数があるのです。ステップ(ii)は必ず実行可能で、$4n+3$型素数のリストはいくらでも増えていきます。すなわち、$4n+3$型素数は無限に存在することがわかりました。

$4n+1$型素数が無限にある理由

$4n+1$型素数が無限個あることの証明も、方法論自体は同じなのですが、$4n+3$型素数ほど初等的にはできません。途中

で、少し高度な法則を使うことになります。その法則については、ここでは説明せず、後の編に譲ることにします。

$4n+1$型素数を次々見つけるシステムをこれまでと同じ形で提示すると次のようになります。

(i)素数5からスタートする。

(ii)既に見つかっている$4n+1$型素数をすべて掛け、その2乗に4を掛けた数に1を加える。できた数を割り切る素数を小さい順に見つけていく。その中に必ず$4n+1$型素数が見つかる。それが新しい$4n+1$型素数を与える。

(iii)新しく見つかった$4n+1$型素数をリストに加え、(ii)に進む。

つまり、既にリストにある$4n+1$型素数をすべて掛けた数をMとすれば、

$$4M^2+1$$

という数を作って、その約数となる素数を考えるわけです。

実は、4×平方数+1というタイプの数の素数の約数は、必ず$4n+1$型素数であることが法則として知られています。例えば、$M=4$とすると、

$$4M^2+1=65=5\times 13$$

から、素数の約数は5と13ですが、これらはともに$4n+1$型素数です。さきほど述べたように、この法則の証明は、少し難しいので後の編に解説を譲ります(171～177ページ)。この法則

を認めれば、ステップ(ii)を示すことができます。

$4M^2+1$において、Mはリストの素数すべての積ですから、それらの素数の倍数です。すると、M^2もそれらの素数の倍数、$4M^2$もそうです。したがって、$4M^2+1$は既にリストのどの$4n+1$型素数も約数に持ちません。しかも、$4M^2+1$の約数となる素数はすべて$4n+1$型素数です。そのうちの一つをピックアップすれば、それが新しい$4n+1$型素数となるのです。

$4n+1$型素数と$4n+3$型素数は同じくらいある

以上によって、$4n+1$型素数と$4n+3$型素数はどちらも無限個あることがわかりました。それでは、この2つの型の素数はおおよそ同数と言っていいのでしょうか？その答えがイエスであることは前に述べました。これについて、おおざっぱなイメージ的説明を与えましょう。

実は以下のことが成り立つのです。

[x以下の素数で$4n+1$型のものの個数]～

[x以下の素数の個数]$\times 0.5$　($x \to \infty$)

[x以下の素数で$4n+3$型のものの個数]～

[x以下の素数の個数]$\times 0.5$　($x \to \infty$)

ここで、「$A \sim B$ $(x \to \infty)$」というのは、「xを大きくしていく（無限に近づけていく）と、A/Bが1に近づいていく」という意味で、違いがなくなっていくことを表す記号です。例えばxと$x-100$は差は一定ですが、比$(x-100)/x$は1に近づくので$x \sim (x-100)$ $(x \to \infty)$となります。したがって、上の式が意味しているのは、「非常に大きなxに対しては、x以下の素数はほぼ半数が$4n+1$型で、ほぼ半数が$4n+3$型である」ということです。

数列の中の素数

二段編

素数を生み出す式

n以下のすべての素数をシステマティックに得る手続きはギリシャの数学者エラトステネスが考案しました。以下のような手続きです。まず、最初の素数2を見つけます。次に2の倍数をすべて消します。すると、残る最初の数3は素数です。次に3の倍数をすべて消します。残る最初の数5は素数です。以下同様に進め、$\sqrt{n}$以下の素数の倍数をすべて消すと終了です。これを「エラトステネスのふるい」と呼びます。

一方、「素数を簡単な計算式から作り出す」研究は、17世紀のフェルマーあたりから始まったと考えられます。nを変数とする簡単な計算式で、nに1から（あるいは、0から）順に整数を代入すると、素数が出てくるような式です。

例えば、$2n+1$は、$n=1$とすると3、$n=2$とすると5、$n=3$とすると7、と3個連続で素数が算出されます。これは奇数を順に算出する式ですから、当然、次の$n=4$とすると素数でない9が算出されます。このような計算式は、整数を代入していくと数の列を生み出しますから、「数列の中に素数を探す」研究とも言えます。n番目の数が、$2n+1$で計算される数列は、

$$2n+1 : 3, 5, 7, 9, 11, \cdots$$

となります。これは奇数の数列ですから、当然、2以外のすべての素数が現れます。

等差数列の中の素数

一定の数ずつ増加する数列を「等差数列」と言います。等差数列の最初の項を「初項」、増加する分の数を「公差」と呼びます。n番目の数をn項目と呼びます。例えば、初項が5で公差が4の等差数列は、初項は5、２項目の数は$5+4=9$、3項目の数は$9+4=13$という具合に続きます。n項目の数は、$4n+1$で計算され、

$$4n+1 : 5, 9, 13, 17, 21, \cdots$$

という数列になります。これは、$4n+1$で計算されるので、4で割ると1余る整数ですから、初段編で解説したように$4n+1$型素数が無限個含まれます。

また、入門編で解説した「末尾の数」に注目するなら、これも等差数列になります。例えば、「末尾が1の整数」は、初項が1、公差が10の等差数列となり、$10n+1$で計算されます。

$$10n+1 : 1, 11, 21, 31, 41, 51, 61, \cdots$$

という具合です。この「末尾が1」の数列にも無限個の素数が含まれることが証明されています（あとで説明するディリクレの算術級数定理）。

初項がa、公差がdの等差数列のn項目の数は、$d(n-1)+a$という式で計算されます。実際、$n=1$とするとaとなり初項が出て、$n=2$とすると$d+a$となり公差の分増加し、$n=3$とする

と$2d+a$となりさらに公差の分が増えます。

初項がa、公差がdの等差数列に対して、初項aと公差dが1以外の公約数を持つと、この等差数列には2項目以降には絶対に素数は出てきません。例えば、初項6、公差9の等差数列の場合、6と9は公約数3を持ちます。したがって、初項は3の倍数で、加えていく公差も3の倍数ですから、すべての項が3の倍数となります。式で見るなら、n項目は、$9(n-1)+6$は、(3の倍数)+(3の倍数)だから必ず3の倍数になります。

他方、初項aと公差dが1以外の公約数を持たない場合、言い換えると、最大公約数が1である場合を、「aとdは互いに素」と言います。初項aと公差dが互いに素な場合は必ず、等差数列には無限個の素数が含まれることがドイツの数学者ディリクレによって1837年に証明されています。これを「ディリクレの算術級数定理」と呼びます。「算術級数」とは、等差数列の別名です。この定理は名人編で解説するゼータ関数を応用して証明されます。

「ディリクレの算術級数定理」によれば、$4n+1$や$4n+3$、$10n+1$や$10n+9$、$15n+14$や$25n+16$などの等差数列が無限個の素数を含むことがわかります。

等差数列を成す素数

等差数列と素数の関係について次に注目したいのは、等差数列の中にどのくらい連続して素数が現れるか、ということです。例えば、$8(n-1)+5$で計算される等差数列は、$(n-1)$に5周期で5の倍数（初項の倍数）が現れるので、素数が続くとしても4個が限界です。しかし、初項を大きくすれば素数が連続して長く続くこともありうるでしょう。

実際、$210(n-1)+199$は、初項199、公差210の等差数列ですが、初項から10項目まで連続して10個の素数が得られます。$60060(n-1)+4943$では初項から13項目まで連続して13個の素数が得られます。グリーンとタオの論文（[4]）には、

$$4609098694200(n-1)+11410337850553$$

が初項から22項目まで、連続して素数を生み出す結果や、

$$44546738095860(n-1)+56211383760397$$

が初項から23項目まで、連続して素数を生み出す結果を引用しています。

このような素数による等差数列については、次の性質が知られています。

〈素数による等差数列の定理〉

等差数列の中に連続するm個の素数があると、公差dはmより小なるすべての素数で割り切れる。

まず、今までの例でこの定理を確かめてみましょう。

$210(n-1)+199$は、初項199、公差210の等差数列で、最初の10項が素数ですが、公差210は、

$$210=2\times3\times5\times7$$

となっており、10より小なる全素数、2、3、5、7で割り切れます。

$60060(n-1)+4943$では、最初の13項が素数ですが、公差60060は、

$$60060=2\times2\times3\times5\times7\times11\times13$$

となっていて、13より小なるすべての素数、2、3、5、7、11で割り切れます。

$44546738095860(n-1)+56211383760397$は最初から23項目までが素数ですが、公差44546738095860が23より小なるすべての素数の倍数であることは、読者自身が確かめてください(素因数分解をしてくれるサイトなどを利用すると簡単です)。

「素数による等差数列の定理」を証明しよう

前節で紹介し、具体例で検証した「素数による等差数列の定理」を証明してみましょう。証明は、そんなに難しくはありません。

初項aと公差dの等差数列の最初のm項がすべて素数だったとします。言い換えると、

$d(n-1)+a$が$n=1, 2, \cdots, m$について、すべて素数である、と仮定します。このとき、mより小なる任意の素数pが公差dを割り切る、ということを証明したいわけです。

まず、初項aは当然素数ですが、mが初項a以下であることを示しましょう。実際、$a<m$だとすると、nに$a+1$を代入して計算される$a+1$項目も素数になりますが、それは、

$$d(a+1-1)+a=da+a=a(d+1)$$

だから素数でなく、矛盾が起こります。したがって、mはa以下です。このことから、mより小なる素数pは、当然、初項aより小とわかります。

以降は、mより小なる素数pを一つ固定して証明を進めます。初項aから第p項までを考えます。pはmより小ですから、これらはm項の素数列の一部であり、すべて素数です。これらの素数を並べると、

$d\times(1-1)+a,\ d\times(2-1)+a,\ d\times(3-1)+a,\ \cdots,\ d\times(p-1)+a$

です。先ほどの議論から、素数pは初項aより小なので、これらの数にpもその倍数も含まれません。したがって、これらのp個の素数をpで割った余りは、1以上$p-1$以下のどれかです(別の言い方をすると0ではない)。1以上$p-1$以下の数は全部で$p-1$個しかなく、他方、上記の数たちはp個なので、余りの中には2回出現するものがあります。重複が存在するわけです。

そこで、余りが一致する2数を小さい順に$d\times(i-1)+a$と$d\times(j-1)+a$としましょう。pで割った余りが一致するので、この2数の差はpの倍数となります。すなわち、

$$\{d\times(j-1)+a\}-\{d\times(i-1)+a\}=d\times(j-i)$$

はpの倍数です。ここで、jもiも$p-1$以下で、異なる数なので、$(j-i)$はp未満です。したがって、dがpの倍数でなければなりません。

以上で証明が完成しました。

いくらでも長い「素数による等差数列」が存在する

前々の節で、23項から成る「素数による等差数列」を具体的に紹介しました。ウィキペディアによれば、2021年6月現在、

26項から成る「素数による等差数列」まで見つかっているようです。すると、「素数による等差数列」の項数は、いくらでも長くできるのかが知りたくなります。

この問題について、実は、グリーンとタオが前掲の論文で次の定理を証明しました。

〈グリーン=タオの定理〉

いくらでも長い「素数による等差数列」が存在する。

この定理は、かなり昔から予想されていたと思いますが、現実に証明されたというのは画期的なことです。証明のきっかけになったのは、「セメレディの定理」というものです。それはおおざっぱに言えば次のような内容を持つ定理です。すなわち、「与えられた正の整数kと与えられた割合r ($0 \leqq r \leqq 1$) に対して、n以下の正の整数から割合rの個数(つまり、nr)の数を取り出すとき、nが十分大きければ、そこにはk項の等差数列が必ず含まれる」。

この定理は、セメレディが1975年に証明しました。面白いことに、証明のアイデアは、「確率的なランダムさ」を利用するものでした(専門的にはエルゴード理論と呼ばれるものです)。グリーンとタオは、この証明のアイデアを素数に対して応用して、「グリーン=タオの定理」を証明したとのことです([4])。

2次式の数列の素数

等差数列は、$d(n-1)+a$のようにnの1次式で表されました。連続して素数を生み出す等差数列については、前節までで解説しました。次に興味の対象となるのは、当然、2次式で表される数列でしょう。

2次式で表される数列で初項から連続する素数を生み出すものには、例えば、

$$n^2+n+11$$

があります。これはnに0から9まで代入すると、すべて素数となります。実際、

$$n^2+n+11 : 11, 13, 17, 23, 31, 41, 53, 67, 83, 101$$

と、連続で10個の素数が生成されます。しかし、11項目の$n=10$の場合が素数でないことは、計算しなくてもわかります。

$$n^2+n+11=n(n+1)+11$$

ですから、$n=10$を代入すると$n(n+1)$は11の倍数となり、したがって、n^2+n+11も11の倍数になり、素数でなくなります。

n^2+n+pというタイプで表される数列でもっと優れたものをオイラーが発見しました。それは、

$$n^2+n+41$$

で与えられる数列で、nに0から39まで代入すると、40個もの素数が次々と生成されます。

先ほどと同じ理由から、$n=40$は41の倍数となって、素数でなくなります。

n^2+n+p（p：素数）というタイプで表される数列について、面白い性質が数学オリンピックで出題されました。次のような問題です。

〈数学オリンピック1987年　キューバ大会〉

pを2以上の整数とする。$0 \leqq n \leqq \sqrt{\frac{p}{3}}$ を満たす任意の整数nに対して、n^2+n+pが素数ならば、$0 \leqq n \leqq p-2$を満たす任意の整数nに対してもn^2+n+pは素数であることを示せ（記号はオリジナルと変えています）。

この性質によって、効率的に判定ができます。例えば、n^2+n+11については、$\sqrt{11/3}=1.9\cdots$ですから、$n=0$と$n=1$について素数であることを確かめれば、0から9まで素数であることがわかります。また、オイラーの式n^2+n+41については、$\sqrt{41/3}=3.6\cdots$ですから、$n=0$から$n=3$までの4個について素数であることを確かめれば、0から39まで素数であることがわかります。

この問題の証明は初等的にできるのですが、それでもかなり混みいっていて、数学オリンピックの問題の中でも難問に属します。よって、ここでは証明は紹介しないことにします。興味ある人は、数学オリンピックの問題集や拙著[5]にあたってください。

実は、n^2+n+pのタイプの数列ではオイラーの式より多くの素数を連続して生み出す式が存在しないことがわかっています([6]参照)。他の2次式で表される数列では、ルビイが発見した式、

$$36n^2-810n+2753$$

が$n=0$から$n=44$までの45個が素数となります。

固定された2次式で表される数列に無限個の素数が含まれるかどうかについては、現在のところ、何もわかっていないようです。

指数関数で作られる数列

これまで見てきた等差数列(1次式で作られる数列)と2次式で作られる数列では、簡易的に、あるいは効率的に素数を生成できるわけではないことがわかりました。

ここにかなり効率的に素数を作り出せる数列があります。それは指数関数を利用したものです。それが「メルセンヌ数」と呼ばれる数の作る数列です。「指数関数」とは、固定された数のべき乗で作られる関数です。例えば、2^n、3^n、10^nなどが指数関数です。

a^n は a の倍数なので素数にはなりませんが、1ずらせば素数になる可能性は大です。メルセンヌ数とは、2^n-1（n は正の整数）という式で作られる数です。この数列は簡単な式であるにもかかわらず、素数が多く現れることが知られています。この数列に現れる素数を「メルセンヌ素数」と言います。9ページで引用したニュースでの2233万ケタの素数もメルセンヌ素数です。

メルセンヌ数 2^n-1 で作られる数列を小さい順に少し列挙して、どれがメルセンヌ素数であるか、見てみましょう。

$2^1-1=1$：×	$2^2-1=3$：素数	$2^3-1=7$：素数
$2^4-1=15$：×	$2^5-1=31$：素数	$2^6-1=63$：×
$2^7-1=127$：素数	$2^8-1=255$：×	$2^9-1=511$：×
$2^{10}-1=1023$：×		

以上、n が1から10までの観察によって、$n=2, 3, 5, 7$ について、メルセンヌ数はメルセンヌ素数になることがわかりました。実は、「指数 n が素数でないメルセンヌ数は素数にならない」ことが簡単にわかります。実際、素数でない $n=1, 4, 6, 8, 9, 10$ に対しては、素数になっていません。このことは、32ページで紹介した因数分解公式、

$$x^a-y^a=(x-y)(x^{a-1}+x^{a-2}y+\cdots+xy^{a-2}+y^{a-1})$$

から説明できます。例えば、$n=9$ のときのメルセンヌ数 2^9-1 を考えてみましょう。$9=3\times3$ なので、指数9は素数ではあり

ません。このことから、$2^9=2^{3\times3}=(2^3)^3$となります。

したがって、上の因数分解公式に$x=2^3$, $y=1$, $a=3$を代入すれば、

$$2^9-1=(2^3)^3-1^3=(2^3-1)\times(\cdots)$$

となりますから、メルセンヌ数2^9-1は$2^3-1=7$で割り切れることがわかります。実際、511は7の倍数になっています。この議論は素数でない一般のnについても同様に適用できます。「指数nが素数でないメルセンヌ数は素数にならない」ということがわかります。

しかし、逆は正しくありません。指数nが素数でもメルセンヌ数は素数になるとは限らないのです。実際、$n=11$は素数ですが、

$$2^{11}-1=2047=23\times89$$

となって、素数とはなりません。以上をまとめると、次がわかります。

〈メルセンヌ数の性質〉

メルセンヌ数2^n-1が素数になるのは、nが素数のときに限るが、nが素数だからと言って、2^n-1が素数になるとは限らない。

実際、nが10より大きくなると、メルセンヌ素数を与える素

数nは急激に少なくなります。100まででメルセンヌ素数が得られる指数nを列挙すると、

$$n=2, 3, 5, 7, 13, 17, 19, 31, 61, 89$$

の10個です。2021年6月現在、メルセンヌ素数は51個見つかっています。

メルセンヌ数に名を残すメルセンヌは、16世紀後半から17世紀前半を生きた学者で、神学・哲学を専門とし、物理学者ガリレイや数学者デカルトなどと親交のあった人だそうです。数学に関する業績はこのメルセンヌ素数だけのようで、1644年の論文で、メルセンヌ数が素数になるnを予想しましたが、そのうち正しかったものも間違っていたものもあったとのことです。

リュカ－レーマーの判定法

メルセンヌ数がなぜ注目されているのでしょうか。それは、素数であるかどうかを判定する単純な方法が発見されているからです。その判定法は、大きなメルセンヌ数の場合、手計算では無理でも、コンピューターには向いている計算手順なのです。

判定には、「リュカ-レーマー数列」というのを使います。この数列は、次のように非常に簡単に定義される整数の列$S_1, S_2, S_3,\cdots$です。

$$
\begin{cases}
S_1 = 4 & \cdots (1) \\
S_{n+1} = S_n^2 - 2 & \cdots (2)
\end{cases}
$$

ここで(2)は、数列において、前の数から次の数が計算される仕組みを表しています。それは、(n番目の数)を2乗して2を引くと(n+1番目の数)になる、という仕組みです。そして、(1)は(1番目の数)が4であることを与えるものです。最初の数が与えられると、(2)の仕組みで順次、数列が計算されていきます。リュカ-レーマー数列の最初のほうは以下のようになります。

$$
\begin{aligned}
&S_1 = 4 \\
&S_2 = S_1^2 - 2 = 16 - 2 = 14 \\
&S_3 = S_2^2 - 2 = 196 - 2 = 194 \\
&S_4 = S_3^2 - 2 = 37636 - 2 = 37634 \\
&\qquad \vdots
\end{aligned}
$$

このリュカ-レーマー数列を使うと、メルセンヌ素数を判定する定理が得られます。 次の定理です。

〈リュカ-レーマーの判定法〉

kを奇素数とする。リュカ-レーマー数列のk−1番目S_{k-1}が、メルセンヌ数2^k-1で割り切れるとき、また、そのときに限り、2^k-1はメルセンヌ素数になる。

前節で説明したように、メルセンヌ数2^k-1が素数になるには、指数kは素数しかありえないので、奇素数の指数kについて判定できれば十分であることに注意しましょう。

この判定法は、最初にリュカという19世紀の数学者が1876年に与えた判定法を、20世紀の数学者レーマーが改良したものです。証明は、レーマーが1934年に与えました。

この判定法が本当であることを、最初の2個に対して確かめてみます。

> $k=3$のとき、$S_{k-1}=S_2=14$は$2^k-1=7$で割り切れる。
> ゆえに、7はメルセンヌ素数。
> $k=5$のとき、$S_{k-1}=S_4=37634$は$2^k-1=31$で割り切れる。
> ゆえに、31はメルセンヌ素数。

確かに最初の2個では成り立っています。

次に $k=7$のとき、$2^7-1=127$がメルセンヌ素数になることを、この判定法で確認してみます。素朴に計算すると、リュカ-レーマー数列が巨大な数になってしまうので、「余り算」を利用します。すなわち、リュカ-レーマー数列を計算するときに、常に127で割った余りに対して計算するわけです。それは、「2つの自然数の掛け算を自然数mで割った余りは、それぞれの自然数をmで割った余りを掛け算して、それを再度m

で割って余りを出したものと一致する」からです。

$S_1=4$

$S_2=S_1^2-2=16-2=14$

$S_3=S_2^2-2=196-2=194\rightarrow 127$で割ると余りは67

S_4を127で割った余り＝（67^2-2を127で割った余り）

＝（4487を127で割った余り）＝42

S_5を127で割った余り＝（42^2-2を127で割った余り）

＝（1762を127で割った余り）＝111

S_6を127で割った余り＝（111^2-2 を127で割った余り）

＝（12319を127で割った余り）＝0

見ての通り、リュカ-レーマー数列の6番目S_6は7番目のメルセンヌ数127で割り切れましたから、127はメルセンヌ素数と判定されます。

リュカ-レーマーの判定法が大きな数に対しても有効なのは、このように「割った余り」について計算すればいいからです。このような計算は、コンピューターに向いた計算なのです。メルセンヌ数にはリュカ-レーマーの判定法があるため、巨大な素数を発見することができる次第です。

この「リュカ-レーマーの判定法」の証明は、ペル方程式$x^2-3y^2=1$の解を用いる、とても意外性のあるものです（[7]参照）。

メルセンヌ素数は「完全数」という別の数列とも結びついています。これについては省略しますので、拙著[8]を参照してください。

フェルマー数とフェルマー素数

［入門編］にも登場した17世紀フランスの数学者フェルマーは、次のような数列に注目しました。

$$n\text{を}0\text{以上の整数として、}F_n=2^{2^n}+1$$

フェルマーは、この計算によって常に素数が作られるだろう、と予想しました。ちなみに、この式の意味（計算順序）は次のようになります。

まず、$a=2^n$を計算します。次に、2^a+1を計算します。その結果がF_nとなるのです。最初の5個を計算してみましょう（2^0が1と定義されることに注意）。

$$F_0=2^{2^0}+1=2^1+1=3$$

$$F_1=2^{2^1}+1=2^2+1=5$$

$$F_2=2^{2^2}+1=2^4+1=17$$

$$F_3=2^{2^3}+1=2^8+1=257$$

$$F_4=2^{2^4}+1=2^{16}+1=65537$$

このように計算される数たちを「フェルマー数」と呼びます。今、計算した5つのフェルマー数はすべて素数です。フェルマー数の中で素数であるものを「フェルマー素数」と呼びます。フェルマーは、「フェルマー数は、すべて素数である」と予想したのです。

メルセンヌ数が「2のべき乗から1を引いた数」であったのに対し、フェルマー数が「2のべき乗に1を加えた数」であることは非常に興味深いですね。ただし、フェルマー数の場合、2^aのべきaも、さらに2のべきとなっていることに注意してください。実際、そうでないと素数にはならないのです。

このことを確かめるために、次の因数分解公式を提示しましょう。

mを奇数とするとき、

$$x^m+y^m=(x+y)(x^{m-1}-x^{m-2}y+x^{m-3}y^2-\cdots+y^{m-1})$$

要するに、x^m+y^mは$x+y$を因子に持つ、ということです。

この因数分解公式を使えば、aが奇素数3の倍数の場合には、2^a+1は素数になれないことがわかります。例えば、$a=12$の場合は、$12=4\times3$ですが、

$$2^{12}+1=2^{4\times3}+1=(2^4)^3+1$$

となります。上記の公式に、$x=2^4$、$y=1$、$m=3$、をあてはめると、

$$2^{12}+1=(2^4)^3+1^3=(2^4+1)\times(\cdots)$$

したがって、この数は、$2^4+1=17$を約数に持つとわかり、素数とはならないのです。

これを一般化すると、2^a+1というタイプの整数が素数になるためには、指数aの約数に奇素数があってはいけない、とわかります。つまり、指数aの約数となる素数は2のみです。だから、aは2のべきでなくてはなりません。フェルマー数はまさにそうなっています。

オイラーのアプローチ

6番目のフェルマー数は、

$$F_5=2^{2^5}+1=2^{32}+1=4294967297$$

です。これが素数かどうかは、数が大きすぎて、電卓もパソコンもないフェルマーには判定できませんでした。それでフェルマーは、「たぶん素数であろう」と信じたわけです。

素数かどうか判定できたのは、50年以上も後のことでした。18世紀スイスの数学者オイラーが、1732年に「F_5は素数ではない」と判定しました。実際、

$$F_5=4294967297=641\times6700417$$

と素因数分解されます。最小の素因数が641と大きいので、フェルマーの時代に見つけることができなかったのです。オイラーは、電卓やパソコンを使ったわけではありません。数学の力を使って判定したのです。オイラーは、フェルマー同様、素数についてたくさんの発見をした数学者です。そういう意味

で、フェルマーの後継者と言えます。それだけではありません。オイラーは、ある意味で、現代の整数論にとって最も重要な影響を与えた数学者と言っても過言ではないのです。この点については、おいおい解説します。

オイラーは、次の法則を使って、約数641を発見しました。

〈オイラーのフェルマー素数判定法〉

F_nの素因数は、必ず、(2^{n+1}の倍数)＋1の形である。

この定理を利用すれば、F_5の素因数は、$n=5$を代入して、

$$(2^6\text{の倍数})+1=(64\text{の倍数})+1$$

という形の素数であることがわかります。このような候補の数を順に試して行ったオイラーは、素因数

$$64\times10+1=641$$

を発見したわけです。オイラーの「F_5は素数ではない」という発見によって、フェルマーの予想は打ち砕かれることになりました。「オイラーのフェルマー素数判定法」がなぜ正しいのかは、84ページのColumnで解説しましょう。

次のフェルマー数は、

$$F_6=2^{2^6}+1=2^{64}+1=18446744073709551617$$

ですが、これが素数ではないことを発見するには、なんと100年以上の歳月が必要でした。ランドリーという数学者が1880

年に、次のような素因数分解を見つけました。

$$F_6=274177\times67280421310721$$

ランドリーも「オイラーのフェルマー素数判定法」を利用しました。$n=7$を代入して、

$$(2^7\text{の倍数})+1=(128\text{の倍数})+1$$

というタイプの数から、素因数

$$128\times2142+1=274177$$

を見つけたわけです。82歳のランドリーは、毎日、数時間ずつ計算して、数ヶ月かけてこの素因数を発見しました。なんという努力か！

$$F_7=2^{128}+1$$

については、1970年に計算機を用いて、素因数分解されました。17ケタの素数と22ケタの素数の積となっています。F_8が素数でないことは、1980年に発見された素因数分解によって確認されています。

実は、F_4のあとのフェルマー素数は、現在(2021年6月)までには一つも見つかっていません。少なくとも、$n=5$～32まではF_nが素数でないことがわかっています。「フェルマー数はすべて素数である」というフェルマーの予想は、はずれたどころか、フェルマーの見つけた5つの素数以外には一つも見つかっていないわけです。とは言っても、「フェルマー素数は最初の5個以外には存在しない」という証明もなされていませ

ん。数学者の予想は、「フェルマー素数は5個しかない」というのも、「フェルマー素数は無限にある」というのも、双方あります。非常に難しい未解決問題と言えます。

素数を生成する多項式

素数を生成し続ける計算式、できれば、多項式（整式）のような単純な式が存在するかは、ずっと数学者の興味の対象でした。それに対して、優れた結果を出したのが、20世紀ロシアの数学者マチャセビッチでした。マチャセビッチは、19個の変数を持つ37次の多項式を見つけました。この多項式は、次の性質を備えてきます。

(1) 変数に自然数の値を代入したとき、計算値が正ならばその値は素数である。

(2) どのような素数も、適当な自然数を選ぶとこの多項式で計算される。

したがって、マチャセビッチの多項式は、素数をすべて生成すると考えられます。しかし、変数が多く、次数が高いため、コンピューターをもってしても、全く実用的ではありません。

マチャセビッチの多項式を作るアイデアは、おおざっぱに言うと階乗計算（$n!$）を多項式で表現して、ウィルソンの定理（94ページ）を利用するものです（[7] 参照）。

対数関数と素数

三段編

対数関数と素数

対数関数は、$\log x$と記されますが、数学で用いられる基本的な関数です。普通、指数関数の逆関数として定義され、素数とは無縁のように見えるのですが、実は密接な関係があるのです。

素数と対数関数との関係は多岐にわたります。

最も重要な関係は、「x以下の素数の個数は対数関数の入った式で近似できる」という「素数定理」です。これは、素数についての最も重要な定理の一つです。

他にも、素数についてのさまざまな性質を導く「チェビシェフ関数」が対数関数で表されたり、素数をつかさどるゼータ関数に対数関数が関与したりします。

この編では、対数関数についてざっと説明し、「素数定理」「チェビシェフ関数」を紹介します。

底が2の対数関数

対数関数というのは、指数関数の逆関数です。まず、最も簡単な指数関数$y=2^x$を例にとって説明しましょう。

指数関数$y=2^x$は、xを与えると2^xを計算してyを算出します。この規則によって、$x \rightarrow y$という対応を与えるわけです。

xが1以上の整数の場合には2^xは2をx個掛け算することを意味し、特にxが0のときは、$2^0=1$と取り決められています。したがって、0以上の整数xについては、

$$0 \to 1,\ 1 \to 2,\ 2 \to 4,\ 3 \to 8,\ 4 \to 16,\ \cdots$$

という対応ができます。

指数関数$y=2^x$の逆関数は、この「→」を逆向きにしたものです。

したがって、逆関数$y \to x$は、

$$1 \to 0,\ 2 \to 1,\ 4 \to 2,\ 8 \to 3,\ 16 \to 4,\ 32 \to 5,\ \cdots$$

になります。この対応を関数として、

$$x=\log_2 y$$

と記すのです。上の対応をこの式で表現すれば、

$$\log_2 1=0,\ \log_2 2=1,\ \log_2 4=2,\ \log_2 8=3,\ \log_2 16=4,\ \log_2 32=5,\cdots$$

となります。この関数は、「yが2の何乗であるか」を求めるものです。小さく「2」と添えてあるのは、2のべき乗の逆関数であることを明示するためです。この「2」のことを「底」と呼びます。

それでは、2のべき乗ではない整数、例えば、3や5に対して、その対数の値はどうなるのでしょうか？すなわち、$\log_2 3$や$\log_2 5$の値はいくつでしょうか。

対数法則ってどんな法則？

2のべき乗でない数の対数値は、対数に要請される計算法則から決まります。それは「対数法則」と呼ばれる計算法則です。

2のべき乗の数について、先ほどの式から次を取り出してみましょう。

$$\log_2 4=2,\ \log_2 8=3,\ \log_2 32=5$$

左辺の数値（$\log_2$のついている数値）については、4×8=32と掛け算が成立します。他方、右辺の数値については2+3=5という足し算が成立しています。

すなわち、$\log_2$での対応で、$a \to t$と$b \to s$となっているなら$ab \to t+s$という対応が得られるわけです。言葉で言えば、「積の対数は、対数の和」ということです。上記の例では、

$$\log_2(4\times 8)=\log_2 4+\log_2 8$$

です。これは当然のことで、4が2を2個掛け合わせた数で、8が2を3個掛け合わせた数であることから、4×8は2を（2+3）個掛け合わせたもの、ということにすぎません。「2個掛け合わせた」の2が$\log_2 4$のことで、「3個掛け合わせた」の3が$\log_2 8$のことなので、$\log_2(4\times 8)=\log_2 4+\log_2 8$が成り立つわけです。

これを一般化すれば、aとbが2のべき乗の整数の場合は、

$$\log_2(a\times b)=\log_2 a+\log_2 b$$

が成り立ちます。この規則がどんな数にでも成り立つと要請

し、それを「対数法則」と名付けます。対数関数とは、この「対数法則」がすべての正の数に対して成り立つことを要請して定義される関数なのです。

対数法則を利用すれば、

$$\log_2(\underbrace{a \times a \times \cdots \times a}_{m\text{個}}) = \underbrace{\log_2 a + \log_2 a + \cdots + \log_2 a}_{m\text{個}}$$

から、

$$\log_2(a^m) = m \times \log_2 a$$

という法則も成り立ちます。これも、あらゆる正の数aとあらゆる（負数を含む）整数mに対して成立することを要請し、それも対数法則の一部とします。

この対数法則を利用すると、$\log_2 3$などの数値を決めることができます（厳密には他にもいくつかの前提がいりますが、ここでは割愛します）。まず、

$$2^1 < 3 < 2^2 \text{ から } \log_2 2^1 < \log_2 3 < \log_2 2^2$$

したがって、$1 < \log_2 3 < 2$とわかって、$\log_2 3 = 1.\cdots$と決まります。

次に、

$$2^{15} = 32768,\ 3^{10} = 59049,\ 2^{16} = 65536$$

を考えれば、

$$\log_2 2^{15} < \log_2 3^{10} < \log_2 2^{16}$$

という不等式が得られ、対数法則から、

$$15 < 10 \times \log_2 3 < 16 \qquad したがって、\frac{15}{10} < \log_2 3 < \frac{16}{10}$$

このことから、$\log_2 3 = 1.5\cdots$と決まります。

このようにしていけば(無限の先までの作業になりますが)、$\log_2 3$の値を決定することができます。ちなみに、$\log_2 3 = 1.584\cdots$となっています。

ネピア定数と自然対数

対数の底で重要なのは2つあり、一つは10、もう一つはネピア定数eです。10を定数とした対数関数$\log_{10} x$は、「常用対数」と呼ばれます。これは与えられた掛け算の「おおよその桁数」や「冒頭の数値」などの計算に用いられます。本書では重要ではないので、これ以上の説明は割愛します。

本書で重要なのは、ネピア定数eを底とした対数関数です。ネピア定数eは無理数で、その値は$e = 2.71828\cdots$となっています。これがどのように定義されるかは、あとで説明します(144ページ)。ネピア定数eを底とした対数関数を「自然対数」と呼び、底を省略して、単に$\log x$と記します($\ln\ x$と記されることも多いです)。自然対数関数$\log x$は、「xがeの何乗か」を計算する関数なのです。

例えば

$$\log 10 = 2.302\cdots,\quad \log 100 = 4.605\cdots$$

などのように、ゆっくり増加する関数です。

自然対数関数は、素数の理論では非常に有用ですが、それは数学全般での有用性から来るものです。自然対数関数の有用性は微積分の観点から来るのですが、それについてもあとの段（八段編以降）で説明しますので、ここでは「有用だ」ということを前提に読んでいただければと思います。

素数の個数を表す関数

前の段で説明したように、素数の出現の仕方はきわめて不規則で、そこに潜む法則を発見することが数学者の夢です。とりわけ、xを与えたときのx以下の素数の個数を何らかの方法で表現する問題は、数学者たちを強く惹きつけました。

「x以下の素数の個数」を、$\pi(x)$という記号で表します。このπは、円周率を表すのに使うのと同じギリシャ文字「パイ」ですが、「x以下の素数の個数」$\pi(x)$のπは、円周率とは無関係です。

関数を一般的に表すのに、$f(x)$という記号を用いることはご存じでしょう。ここで、「x以下の素数の個数」は特定の関数なので、fの代わりに特定のギリシャ文字πを使うわけです。

この記号の使い方を少し見てみましょう。

例えば、10以下の素数は、2, 3, 5, 7の4個ですから、

$$\pi(10)=4$$

となります。

100以下の素数の個数は25個なので、

$$\pi(100)=25$$

です。

関数 $\pi(x)$ を x の簡単な式で求めることが数学者の夢ですが、素数の出現は相当に不規則なので、それはある意味、叶わない夢です。しかし、「簡単な式であること」か「正確に表すこと」か、どちらかを諦めれば、関数 $\pi(x)$ を表せることがわかりました。ここでは、「正確に表すこと」を諦め、「近似式」で表す方法を紹介します。

偉大なる素数定理

x 以下の素数の個数 $\pi(x)$ を評価する関数について、最も有名なものが以下の「素数定理」と呼ばれている定理です。まず、言葉でこの定理を紹介しましょう。

「x 以下の素数の個数は、$x \div \log x$ で近似でき、
大きい x に対しては近似の精度が良くなる」

という内容の定理です。数学記号を使って厳密に述べると、

〈素数定理〉

$$\pi(x) \sim \frac{x}{\log x} \qquad (x \to \infty)$$

となります。

記号の意味を説明します。$x \to \infty$は「xをどんどん大きくしていくと（xを無限に近づけると）」という意味です。そして、「$A \sim B$」は「関数Aと関数Bの比A/Bがどんどん1に近づいていく」ということを意味します。つまり、この定理は、

「xを大きくしていくと$\pi(x)$と$\dfrac{x}{\log x}$がどんどん近い値になる」

ということを主張する定理なのです。ここで、分母の$\log x$はもちろん、自然対数関数です。

この近似式は、フランスの数学者ルジャンドルが1798年に提案し、それとは独立にドイツの数学者ガウスが1791年に予想しました。しかし、この予想を厳密に証明することは非常に難しく、実現されたのは百年ほど後の1896年でした。証明に成功したのは、いずれもフランスの数学者アダマールとド・ラ・ヴァレ・プーサンの二人で、ほぼ同時に独立に成し遂げたのでした。

彼らの証明は、「ゼータ関数」という特殊な関数を利用するものでした。このゼータ関数は、素数と密接な関係を持った関数で、いまだに多くの未解決の問題を提供し続けている神秘の

関数です。名人編で詳しく説明します。

その後、20世紀になって、素数定理の初等的な証明が発見されました。1949年のことで、ノルウェーの数学者セルバーグと、ハンガリーの数学者エルデシュが同時に独立に発表したのでした。

素数定理は、どの程度の近似を実現するか？

素数定理を少し計算で確認してみましょう。

先ほど、100までの素数の個数が25個であること、すなわち、$\pi(100)=25$、を提示しました。そこで、$x=100$として、$x \div \log x$を計算してみましょう。$\log 100=4.605\cdots$ですから、

$$x \div \log x=100 \div 4.605=21.71\cdots$$

となります。これは、$\pi(100)=25$にけっこう近い値と見なすことができるでしょう。

では、素数定理がどの程度の近似を実現するかは次の表を見てください。

表3-1　素数の個数と近似関数の値

x	$\pi(x)$	$x \div \log x$	比
10^2	25	21.7	1.152
10^3	168	144.8	1.160
10^4	1229	1085.7	1.132
10^5	9592	8685.9	1.104
10^6	78498	72382.4	1.084

二つの関数の値が非常に近いこと、また、xが大きくなると、比がどんどん1に近づいていくことが見て取れることでしょう。

素数の「出現確率」

素数定理は、素数の分布についての「確率論的な見方」を与えてくれます。確率論的な見方というのは、「確率現象はでたらめに（ランダムに）起きるけれど、それをある種の確定的な観点で見る」見方です。

準備として、「偶数の確率」を考えましょう。

今、適当な自然数nが与えられ、1以上 n以下の自然数xをでたらめに抜き出す場合、それが「偶数である確率」はいくつと考えられるでしょうか。おおざっぱには$\frac{1}{2}$と考えるのが自然でしょう。偶数の個数はおおよそ半分だからです。

実際、1以上n以下のn個の数を書いたn枚のカードを伏せてかきまぜ、1枚をでたらめに選んだ場合、そのカードに書かれた数が偶数である確率は、おおよそ$\frac{1}{2}$です(nが偶数ならぴったり$\frac{1}{2}$で、nが奇数の場合は$\frac{1}{2}$よりわずかに小さくなる)。それは、n枚のカードのうち、おおよそ$\frac{n}{2}$枚が偶数のカードだからです。$\frac{n}{2}=n\times\frac{1}{2}$としたときの$\frac{1}{2}$が「偶数である確率」の数値となっています。

素数定理にこれと同様の解釈をしてみましょう。

$$(x\text{以下の素数の個数}) \sim \frac{x}{\log x}=x\times\frac{1}{\log x}$$

となっていることから、「x以下のある自然数が素数である確率」は、おおよそ$\frac{1}{\log x}$だと考えられます。ただしここで、「偶数の確率」との違いは、確率が「x以下の自然数」におけるxに依存している、ということです。xによって確率が変わってしまうので、おおまかですが、次のように解釈し直します。

$$(x\text{付近の数が素数である確率})\text{はおおよそ}\ \frac{1}{\log x}$$

この解釈は$\log x$がゆっくり増加することに依っています。すなわち$\pi(x)-\pi(x-a)$は、ほぼ$\frac{x}{\log x}-\frac{x-a}{\log(x-a)}$と等しいですが、$\log x$と$\log(x-a)$をほぼ等しいと見なすと、これは$\frac{a}{\log x}$と見なせる、ということです。

「x付近の数が素数である確率」とは、「x付近の数における

素数の濃度」と解釈し直すこともできます。この事実から、次のことが簡単に理解できます。すなわち、

「大きい数では、素数の濃度はどんどん低くなる」

ということです。$\dfrac{1}{\log x}$ の分母がどんどん大きくなるから、濃度はどんどん小さくなるわけです。前の編で述べたように、素数は無限にありますから、どんなに大きな数になっても必ず素数は出現します。しかし、その頻度はどんどん小さくなっていく、ということがわかります。

注意してほしいのは、以上は単なる「解釈」にすぎない、という点です。これは厳密な意味での確率ではありません。なぜなら、数xを与えれば、それが素数かどうかはきちんと定まっていて、決してさいころを投げるような「これから決定される不確実現象」ではないからです。

しかし、このような素数定理の確率解釈が成り立つことは、私たちの素数についての直観的理解を一歩進めてくれます。それはこういう理解です。

ある自然数が素数かどうかはあらかじめ決まっています。手間はかかりますが、具体的に判定することができるからです。実際、2から判定したい数までの整数で順次割ってみればいい。したがって、素数かどうかは「確実な」現象です。にもかかわらず、「xの付近の整数が素数である確率は$\dfrac{1}{\log x}$」ということが近似的に成り立っています。だから、実際の判定法を使

わない場合には、xが素数かどうかに確率的な判断ができ、その確率はおおよそ正しいわけです。このことは、素数が「確実な」現象でありながら、ある程度は「不確実な」現象のように扱うことができる、ということを表しています。

大胆に解釈するなら、素数は、完全にランダムな現象と完全に規則的な現象との中間に存在するような現象だ、ということです。この素数のランダムネスについての理解は、名人編で解説する「リーマン予想」と深く関わっています。

素数を数えるチェビシェフ関数

直接に素数の個数を数える$\pi(x)$ではなく、「n以下の素数に関して特定の計算をして集計する」関数も考察されています。それが、チェビシェフの第1関数と第2関数です。どちらも、自然対数関数が使われており、素数の研究に頻出する関数なのです。

まず、「チェビシェフ第1関数」$\theta(x)$は、以下のように定義されます(θはギリシャ文字で、「シータ」と読みます)。

$$\theta(x) = (x\text{以下の素数の自然対数の和})$$

というものです。例えば、$x=10$の場合、x以下の素数は2、3、5、7ですから、

$$\theta(10)=\log 2+\log 3+\log 5+\log 7$$

となります。対数法則を利用すれば、これは、

$$\theta(10)=\log(2\times 3\times 5\times 7)=\log 210$$

でもあります。この値は、おおよそ、5.347です。

チェビシェフは、もう一つの関数$\psi(x)$も考察しています（ψはギリシャ文字で「プサイ」と読みます）。これが、「チェビシェフ第2関数」です。$\psi(x)$とは、x以下に「素数のべきp^k」があるごとに、$\log p$を加えて計算する関数です。

$\psi(x)=$（x以下に「素数pのべき乗」があるごとに$\log p$を加えた総和）

例えば、$x=10$とすると、10以下の素数べきは、2、4、8と、3、9と、5と、7ですから、log2を3回、log3を2回、log5とlog7は1回、加え合わせた値となります。

$$\psi(10)=3\log 2+2\log 3+\log 5+\log 7$$

対数法則を使うと、

$$\psi(10)=\log 2^3+\log 3^2+\log 5+\log 7=\log(2^3\times 3^2\times 5\times 7)$$

と書き直せます。この値は、おおよそ、7.83です。

チェビシェフ第1関数と第2関数は、$\pi(x)$に比べて定義が複雑なように見えます。しかし、実は、数学的には好都合な計

算になっているのです。なぜなら、これらの関数を利用すると、素数の性質をあばき出すことが可能になるからです。

チェビシェフの不等式

チェビシェフ第1関数と第2関数が数学的に好都合である証拠を少しだけ紹介しましょう。チェビシェフは、第1関数$\theta(x)$に対して、次の定理を証明しました。

〈チェビシェフの不等式〉

$\theta(x)$に対して正の定数A, Bが存在し、$Ax < \theta(x) < Bx$となる。

つまり、$\theta(x)$は2つの1次関数の間にはさまれる、ということです。

この不等式は、チェビシェフが初等的な方法で証明しました。のちに、インド出身の数学者ラマヌジャンは、第2関数$\psi(x)$を評価することによって、この定理のもっと簡単な別証明を与えました。そればかりではありません。ラマヌジャンは、その評価を使って、次の有名な定理も証明したのです。

〈ベルトラン=チェビシェフの定理〉

$x \geqq 2$に対して、xと$2x$の間に必ず素数が存在する。

これは、ベルトランが予想して、チェビシェフが最初に証明したみごとな定理です。チェビシェフの証明は初等的ではあるもののかなり複雑なものでした。それに対して、ラマヌジャンは、上記の$\theta(x)$と$\psi(x)$の評価を使って、非常に簡明な証明を与えたのです。これについては、九段編で説明することにします。

チェビシェフ第2関数と素数定理

第2関数$\psi(x)$の値を小さい数について、調べてみましょう。次を見ていただけばわかるように、$\psi(x)$の値はxに非常に近いです。

$$\psi(10)=7.83 \quad \psi(20)=19.26 \quad \psi(30)=28.47 \quad \psi(40)=36.21$$

実は、この観察は、「素数定理」を証明するために重要な事実となります。なぜなら、チェビシェフが次の定理を証明しているからです。

〈チェビシェフ関数定理〉

$$\frac{\theta(x)}{\log x} \sim \pi(x),\ \frac{\psi(x)}{\log x} \sim \pi(x) \qquad (x \to \infty)$$

この定理を言葉で言えば、

「$\frac{\theta(x)}{\log x}$と$\frac{\psi(x)}{\log x}$は$\pi(x)$を近似でき、xを大きくすると近似の精度はどんどん高くなる」

ということです。

すると、もしも、「$\psi(x)$の値はxに近い」ということが証明できれば、「素数定理」が証明できることになります。なぜなら、もしこれが証明できれば、「$\psi(x) \div \log x$と$x \div \log x$が近づいていく」ことがわかり、「チェビシェフ関数定理」から「$x \div \log x$が$\pi(x)$に近づいていく」ことが示せるからです。

チェビシェフ関数定理の証明を直感的に理解する

チェビシェフ関数定理がどうして成り立つのか、その直感的な理解を提供しましょう。これは、厳密な証明ではなく、感覚的に理解する仕方であることをお断りしておきます。

チェビシェフ第1関数$\theta(x)$とは、「x以下に素数pがあるごとに$\log p$を加えた総和」でした。したがって、xが素数pのときに$\log p$だけ増加し、それ以外の数のときは増加は0になります。

このことを踏まえて、関数$\dfrac{\theta(x)}{\log x}$の増加について考えましょう。$x$が素数$p$のときだけに注目します。$x$が$p-1$から素数$p$になったときの増加を見ます。さきほど述べたように、分子は$\theta(p-1)$から$\theta(p)$になると$\log p$だけ増加します。他方、分母は$\log(p-1)$から$\log p$に変化しますが、この変化は微小であると見なせます。したがって、xが$p-1$から素数pになったときの$\dfrac{\theta(x)}{\log x}$の増加分は、おおざっぱには、$\log p \div \log p=1$であると見積もることができます。つまり、関数$\dfrac{\theta(x)}{\log x}$は$x$が素数$p$を通過する度に、おおよそ1だけ増加するわけです。

一方、素数の個数を数える$\pi(x)$も、$\pi(x)$が素数pを通過する度に1だけ増加するので、$\dfrac{\theta(x)}{\log x}$で近似できるだろうと推測できるのです。

Column

オイラーのフェルマー素数の約数発見法

62ページで紹介した「オイラーのフェルマー素数判定法」のからくりをここで解説しましょう（合同式については四段編を参照のこと）。一般でも同じなので、「$F_5=2^{32}+1$ の素因数は、(2^6 の倍数)+1の形に限る」に対して説明します。

F_5の任意の素因数をqとします。

$$F_5=2^{32}+1\equiv 0 \pmod q$$

ですから、

$$2^{32}\equiv -1 \pmod q \qquad \cdots\cdots①$$

となります。辺々を2乗すれば、

$$2^{64}\equiv 1 \pmod q \qquad \cdots\cdots②$$

が得られます。ここで、$2^e\equiv 1 \pmod q$ となる最小の正整数 $e\ (>0)$ を考えます。これを「2の $\mathrm{mod}\ q$ での位数」と呼びます。②からeは必ず存在します。64をeで割った商をx、余りをrとすると、$64=ex+r\ (0\leqq r<e)$です。すると②から、

$$1\equiv 2^{64}\equiv 2^{ex+r}\equiv (2^e)^x 2^r\equiv 1\cdot 2^r\equiv 2^r \pmod q$$

eの最小性から、$r=0$でなければいけません。つまり、$64=ex$となるので、eは64の約数だとわかります。$64=2^6$だから、その約数eは2のべき乗に限ります。しかし、eの2の指数は5以下であるわけにはいきません。なぜなら、例えば、指数が4、つまり$e=2^4=16$だとすると、$2^{16}\equiv 1$ですが、辺々2乗すると、$2^{32}\equiv 1$となります。これは式①に矛盾してしまいます。2の指数が5以下のどれでもこの矛盾が起きるので、指数は6、つまり、$e=2^6=64$だとわかります。

一方、フェルマーの小定理から、

$$2^{q-1}\equiv 1 \pmod q$$

が成り立ちます。上と同じ議論（割った余りの分析）から、$e\ (=64)$は$q-1$の約数となります。したがって、qは(64の倍数)+1の形になります。

合同式と素数とRSA暗号

～フェルマーの小定理、オイラーの定理

四段編

数が社会で役立つ時代

驚くべきことに、素数が社会で役立つ時代が来ました。インターネットのパスワードの安全性を保つことに利用されたのです。

皆さんも、スマホやネット上でパスワードを使っておられるでしょう。パスワードとは、そのIDの所有者であることを証明する文字列のことです。パスワードはせいぜい6から20文字程度のアルファベット・数字・記号ですから、これが第三者によって見破られてしまえば、アカウントを乗っ取られ、なりすましをされてしまいます。クレジットカードで勝手に買い物をされたり、口座からお金を引き出されたりしてしまいます。

そこで、利用者が入力したパスワードは別の文字列に置き換えられて記憶されます。その際、大事なことは、置き換えられた文字列を第三者が入手しても、そこから元のパスワードを再現できないことです。言い換えると、パスワードをxとし、それを暗号化した文字列をyとするとき、xからyを作るのは簡単だけど、yからxに戻すのはとんでもなく困難であるようにする、ということです。

このことは簡単なようで、そうではありません。コナン・ドイルの『踊る人形』という小説をご存じでしょうか。これは、シャーロック・ホームズという探偵が暗号を解読する推理小説です。解くべき暗号は、いろいろな格好の人形を並べた絵です。これは、アルファベットを人形の形に置き換え、人形の形とアルファベットを一対一対応させた「換字式暗号」となっています。だから、絵からアルファベットへの逆対応ができれば、暗号が解けてしまいます。ホームズは、英語の文章にはアルファベットeが多く現れることなどをヒントにして、人形の絵とアルファベットの一対一対応を見破っていきました。

換字式暗号は、このように、言語学的・統計学的な知識から簡単に解かれてしまいます。第2次世界大戦中にも、難攻不落と評判だったドイツのエニグマ暗号や日本のパープル暗号が連合軍によって解読されて、連合軍の勝利に貢献したことは有名です。

そんな中、1970年代に、MITの３人の計算機科学者、リヴェスト、シャミア、アドルマンが、新しい暗号技術を発明しました。三人の頭文字をとって「RSA暗号」と呼ばれる暗号法です。これは、従来と全く異なる画期的な方法で、素数の性質を利用するものでした。

RSA暗号とはどんな暗号か

RSA暗号は単純な換字式ではなく、「割った余り」を利用します。

暗号化のために、自然数Nと自然数rをあらかじめ準備します。その上で、暗号化したい文章を数に置き換えます。一例をあげると、文章中のひらがなを「あ→11、い→12、…、ん→56」のように数と一対一対応させ、文章を数に置き換えるのです（46個のひらがなを50音順に並べ、11から56までの整数に対応させる）。例えば、「そすう」は「そ→25、す→23、う→13」なので「252313」と置き換わります。このような文章の数値化をxとします。この数値xをr乗した数をNで割った余りを計算し、結果を暗号yとするのです。これがRSA暗号の基本的な仕組みです。

暗号yを元のxに復号するには、秘密の数である自然数sを用います。暗号の数値yのs乗をNで割った余りを求めれば、元の数値xに戻ります（詳しくはあとのほうで解説します）。

RSA暗号は、暗号化の鍵（公開鍵と呼ぶ）Nとrと、暗号を解く（復号）ための鍵（秘密鍵と呼ぶ）sが異なっているのが特徴です。誰もが公開鍵Nとrから数値xを数値yに暗号化できますが、秘密鍵sを知らなければ、数値yを数値xに戻すことができません。また、公開鍵Nとrから、なんらかの計算によって、秘密鍵sを直接的に探し出すこともできません。どうしてかというと、Nが巨大な素数２つの積で生成されており、その２つの素数がわからない限り、秘密鍵sを探し出すことができない仕組みになっているからです。これまで何回か説明したように、巨大な整数の素因数分解は高性能のコンピューターを使っても、非常に長い年月を要するのです。

RSA暗号を可能とするのは、「フェルマーの小定理」と呼ばれる定理を一般化した「オイラーの定理」です。以下、順を追って解説しましょう。

フェルマーの小定理

まず、10ページにも登場した17世紀フランスの数学者フェルマーが、「フェルマーの小定理」と呼ばれる法則を発見しました。17世紀という時代を考えれば、この発見は素数の研究における画期的なものだったと言っていいでしょう。次のようなものです。

〈フェルマーの小定理〉

pを素数、aをpの倍数でない自然数とする。このとき、$a^{p-1}-1$はpの倍数になる。

例えば、素数$p=7$、$a=3$とすれば、

$$3^{7-1}-1=728=7\times 104$$

となって、たしかに$p=7$で割り切れます。もう一つ例を見てみましょう。

素数p=11、a=2とすれば、

$$2^{11-1}-1=1023=11\times 93$$

たしかにp=11で割り切れます。

このみごとな定理を知ると、二つの疑問がわくでしょう。第一は「逆は成り立つのか？つまり、$a^{p-1}-1$がpの倍数ならpは素数と言えるか？」。第二は、「pが素数でないときも、類似の性質が成り立つか」です。

結論を先にいうと、第一の疑問への解答はNOで、第二の疑問への解答はYESです。

擬素数

フェルマーの小定理の逆、すなわち、「$a^{p-1}-1$がpの倍数ならpは素数」ということが言えるなら、素数判定に使えることになります。しかし、残念ながら、逆は成り立たないことがわかっています。

実際、p=561と設定してみると、$2^{561-1}-1$は561の倍数となりますが、561は3で割り切れるので、素数ではありません。つまり、素数でない561が同じ法則を満たすのです。

これが事実であることを、「余り算」を利用して確かめてみます。「余り算」とは57ページでも紹介しましたが、「(積を割った余り)は、先に割った余りを出して積を作り、その余りを求めればいい」という法則です。これを使えば、電卓で計算できます。

まず、$2^{10}=1024$から出発します。

2^{10}を561で割った余り$=1024-561=463$

となります。次に、$2^{10}\times 2^{10}$は2を20個掛け合わせたものだから、2^{20}となります。よって、

(2^{20}を561で割った余り)

$=$(463×463を561で割った余り)$=67$

さらにこれを2個掛け算してみると、

(2^{40}を561で割った余り)

$=$(67×67を561で割った余り)$=1$

となります。ここで、$560=40\times 14$ですから、

(2^{560}を561で割った余り)

$=$(2^{40}の14個の積を561で割った余り)

$=$\{(2^{40}を561で割った余り)の14個の積\}を561で割った余り

$=$\{1の14個の積\}を561で割った余り$=1$

となって、$2^{560}-1$が561で割り切れることがわかりました。

561のような、「素数でないのにフェルマーの小定理を満たす数」は「擬素数」と呼ばれます。フェルマーの小定理は、擬素数の存在のため、「素数であること」の判定には使えませ

ん。しかし、擬素数は無限に存在しますが、非常に稀にしか存在しないので、フェルマーの小定理を満たす数は、「おおよそ素数であろう」と判定することぐらいはできます。1個のaだけではなく、複数のaについて確かめれば、素数である確率は非常に高くなります。しかし、それでも完璧ではないことが知られています（カーマイケル数をネットで調べるとわかる）。

オイラーの定理

第二の疑問について解答しましょう。フェルマーの小定理は、pが素数の場合の定理ですが、素数とは限らない一般の自然数Nに拡張できるか、ということです。

拡張版を発見したのは、これまでにも何度か登場した18世紀スイスの数学者オイラーです。それは以下の定理です。

〈オイラーの定理〉

Nを2以上の自然数、1以上N以下の自然数でNと互いに素な（1以外に公約数を持たない）ものの個数をmとする。このとき、Nと互いに素な任意の自然数aに対して、a^m-1はNで割り切れる。

例として、素数でないN=33の場合を見てみましょう。33は3×11ですから、素数ではありません。ここで、33の素因数は3と11であることから、「33と互いに素な自然数」とは3も11も約数に持たない数です。したがって、33と互いに素な1以上33以下の自然数とは、以下の、

1, 2, 4, 5, 7, 8, 10, 13, 14, 16, 17, 19, 20, 23 ,25, 26, 28, 29, 31, 32

の20個となります。オイラーの定理の主張とは、「33と互いに素な任意の自然数の20乗から1を引いた数は33で割り切れる」ということです。例えば、a=2は33と互いに素ですから、

$$2^{20}-1 = 1048575 = 33 \times 31775$$

確かに33で割り切れます。

ここで、フェルマーの小定理は、オイラーの定理の一部となっていることを確認します。今、Nを素数としましょう。このとき、1以上N以下の自然数でNと互いに素なものは、1から(N−1)までの自然数全部ですから、m=N−1となります。したがって、この場合の「オイラーの定理」は、「フェルマーの小定理」そのものです。

ウィルソンの定理

「素数pで割り切れる」系の定理で、有名なものがもう一つあります。それが、「ウィルソンの定理」です。この性質自体は10世紀頃にアラビアの学者イブン・アル＝ハイサムに発見されていたようですが、ヨーロッパでは長い間知られずにいて、18世紀イギリスのジョン・ウィルソンによって再発見されたそうです。しかし、ウィルソンは証明することはできず、最初に証明したのは18世紀のフランスの数学者ラグランジュだということです。

〈ウィルソンの定理〉

pを素数とする。そのとき、

$$1 \times 2 \times \cdots \times (p-1)+1$$

はpで割り切れる。

ここで便利な記号があります。1からkまでの自然数の積$1 \times 2 \times \cdots \times k$のことを、$k!$と記し、「$k$の階乗」と読みます。この記号を用いるなら、「ウィルソンの定理」は、「pを素数とする。そのとき、$(p-1)!+1$はpで割り切れる」と表現できます。

小さい素数で確認してみます。

$(2-1)!+1=2$　→2の倍数

$(3-1)!+1=1\times2+1=3$　→3の倍数

$(5-1)!+1=1\times2\times3\times4+1=25$　→5の倍数

$(7-1)!+1=1\times2\times3\times4\times5\times6+1=721$　→7の倍数

不思議ですよね。

「ウィルソンの定理」は、逆も成り立ちます。すなわち、「1より大きい自然数pについて、$(p-1)!+1$がpで割り切れるならば、pは素数」ということです。

なぜ逆が成り立つかを具体例を使っておおざっぱに解説しましょう。例えば、10は素数ではなく、2×5となっています。ということは、$(10-1)!=9!$の積には2と5が含まれます。したがって、$(10-1)!$は10の倍数になります。だから、$(10-1)!+1$は10では割り切れません（素数のべき乗の場合はもう少しデリケートですが、丁寧に考えれば解決できるでしょう）。

ウィルソンの定理は、逆も成り立つので、原理的には素数かどうかを判定するのに使えます。しかし、階乗計算をコンピューターにやらせるのは、たとえ「余り算」を使ってさえ、手間がかかるので実用的ではありません。

合同式になじもう

「フェルマーの小定理」「オイラーの定理」「ウィルソンの定理」などを表現したり、証明したりするために、便利な概念が発明されました。それは「合同式」です。

２つの整数aとbが正の整数mで割った余りが同じであるとき、

$$a \equiv b \pmod{m}$$

と記します。読み方は、「aとbは法mで合同」です。例えば、11と5はどちらも3で割ると余り2ですから、$11 \equiv 5 \pmod{3}$となります。

合同式を負の整数にも定義できたほうが便利なため、「割った余り」ではなく、次のように定義し直します。

$a-b$がmで割りきれるとき、$a \equiv b \pmod{m}$と記す

この定義でも、$11-5=6$が3の倍数だから、$11 \equiv 5 \pmod{3}$となります。他方、$-10-5=-15$は3の倍数だから、$-10 \equiv 5 \pmod{3}$となります。

合同式を使うと、「フェルマーの小定理」「オイラーの定理」「ウィルソンの定理」は次のように表現することができます。

〈フェルマーの小定理〉

pを素数、aをpの倍数でない自然数とする。このとき、

$$a^{p-1} \equiv 1 \pmod{p}$$

ちなみにこの式は、「a^{p-1}と1はpで割った余りが同じ」と読んでもいいし、「$a^{p-1}-1$はpで割り切れる」と読んでも意味は同じです。

〈オイラーの定理〉

Nを2以上の自然数、1以上N以下の自然数でNと互いに素な（1以外に公約数を持たない）ものの個数をmとする。このとき、Nと互いに素な任意の自然数aに対して、

$$a^{m} \equiv 1 \pmod{N}$$

〈ウィルソンの定理〉

pを素数とする。そのとき、

$$(p-1)! \equiv -1 \pmod{p}$$

$(p-1)!-(-1) = (p-1)!+1$なので、この式がウィルソンの定理を表します。

これらの定理を合同式で表現することのメリットは次からの節でわかるでしょう。

合同式の操作は等式のものとほとんど同じ

合同式を保存する操作は、等式に対するそれと一点を除いて全く同じです。等式には、次のような保存則がありました。

〈等式の保存則〉

二つの等式があったら、左辺同士足し右辺同士足しても等式のまま。左辺同士引き右辺同士引いても等式のまま。左辺同士掛け右辺同士掛けても等式のまま。一方の等式が0でないなら、それで他方を辺々割っても等式のまま。式で書くと、

$a=b$ かつ $c=d$ ならば、$a+c=b+d$、$a-c=b-d$、$a\times c = b\times d$ が成り立つ。c, d が0でないなら、$a\div c = b \div d$ が成り立つ。

要するに、「四則に対して、等式は保存される」ということです。合同式については、割り算を除いて等式と同じ保存則が成立します。すなわち、

〈合同式の保存則〉

以下、正の整数 m を法として、(つまり、(mod m) として)、$a \equiv b$ かつ $c \equiv d$ ならば、$a+c \equiv b+d$、$a-c \equiv b-d$、$a \times c \equiv b \times d$ が成り立つ。$ak \equiv bk$ で k と m が互いに素ならば、両辺を k で割っても合同のままで、$a \equiv b$ である。

また掛け算の保存則を繰り返し使えば、$a^k \equiv b^k$ が成り立つ。

「合同式の保存則」の証明は難しくありません。

$a \equiv b \pmod{m}$ と $c \equiv d \pmod{m}$ は、$a-b$ と $c-d$ がともに m の倍数であることを意味します。すると、$a+c$ と $b+d$ に対して、$(a+c)-(b+d)=(a-b)+(c-d)$ が (m の倍数) の和となることから、$a+c \equiv b+d$ が示されます。$a-c \equiv b-d$ も同様です。

掛け算の保存については、まず、$ac \equiv bc$ を証明します。これは $ac-bc=(a-b)c$ が m の倍数であることから示されます。同じように、$bc \equiv bd$ も示せます。すると、$ac \equiv bc \equiv bd$ となって、$ac \equiv bd$ が出ます ($A \equiv B$ かつ $B \equiv C$ ならば $A \equiv C$ は明らかでしょう)。

割り算については、まず、$ak \equiv bk$ から $(a-b)k$ が m の倍数であることを踏まえます。k と m が互いに素であれば、k と m に共通の素因数がありません。したがって、$(a-b)$ が m の倍数とわかって、$a \equiv b$ が得られます。

定理たちを証明しよう

「合同式の保存則」を使って、「フェルマーの小定理」「オイラーの定理」「ウィルソンの定理」を証明してみましょう。

まず、

〈フェルマーの小定理〉

pを素数、aをpの倍数でない自然数とする。このとき、

$$a^{p-1} \equiv 1 \pmod{p}$$

を証明しましょう。

1以上$(p-1)$以下の整数を小さい順に並べ、

$$1, 2, \cdots, p-2, p-1$$

とします。次に、これら$(p-1)$個の数それぞれにaを掛け算します。

$$a\times 1, a\times 2, \cdots, a\times (p-2), a\times (p-1)$$

これらの数をpで割って余りを出し、その余りに置き換えます。

例をやってみます。$p=7$、$a=3$としましょう。最初の数列は、

$$1, 2, 3, 4, 5, 6$$

これにそれぞれ3を掛けると、

$$3, 6, 9, 12, 15, 18$$

これらの数を7で割った余りを出すと、

$$3, 6, 2, 5, 1, 4$$

となります。ポイントは、余りを並べたこの数列が1, 2, 3, 4, 5, 6の並べ替えになっている、ということです。このことは任意の素数pと、pと互いに素の任意の正の整数aについて成り立ちます。なぜなら、$a\times i$と$a\times j$(ただし、$1\leq i<j\leq p-1$)をpで割った余りが同じなら、

$$a\times i\equiv a\times j \pmod{p}$$

となります。しかし、pとaが互いに素なので、割り算によって、

$$i\equiv j \pmod{p}$$

となりますが、$1\leq i<j\leq p-1$ではこれは不可能だからです。したがって、

$$a\times 1, a\times 2, \cdots, a\times (p-2), a\times (p-1)$$

をpで割った余りはすべて異なり、1, 2, …, $p-2$, $p-1$の並べ替えになります。

以上を理解すれば、あと一歩です。再度、$p=7$、$a=3$の例でやってみましょう。今、説明したことから、次の合同式たちが得られます。

$$3\times 1\equiv 3,\ 3\times 2\equiv 6,\ 3\times 3\equiv 2,\ 3\times 4\equiv 5,\ 3\times 5\equiv 1,$$
$$3\times 6\equiv 4 \pmod{7}$$

これら6個の合同式を辺々掛け算します(合同であることは保存されます)。

$$(3\times1)\times(3\times2)\times(3\times3)\times(3\times4)\times(3\times5)\times(3\times6)$$
$$\equiv 3\times6\times2\times5\times1\times4 \pmod 7$$

左辺と右辺を整理すると、

$$3^6\times1\times2\times3\times4\times5\times6\equiv1\times2\times3\times4\times5\times6 \pmod 7$$

ここで$1\times2\times3\times4\times5\times6$は7と互いに素なので、割り算できて、

$$3^6\equiv1 \pmod 7$$

が得られます。

一般の場合は、$a\times1,\ a\times2,\ \cdots,\ a\times(p-2),\ a\times(p-1)$ をpで割った余りは、$1, 2, \cdots, p-2, p-1$の並べ替えとなるので、

$$(a\times1)\times(a\times2)\times\cdots\times(a\times(p-2))\times(a\times(p-1))$$
$$\equiv1\times2\times\cdots\times(p-2)\times(p-1) \pmod p$$

両辺を$1\times2\times\cdots\times(p-2)\times(p-1)$ はpと互いに素なので、割っても合同式は保存されるので、

$$a^{p-1}\equiv1 \pmod p$$

が得られます。

オイラーの定理の証明

次に「オイラーの定理」、

〈オイラーの定理〉

Nを2以上の自然数、1以上N以下の自然数でNと互いに素な（1以外に公約数を持たない）ものの個数をmとする。
このとき、Nと互いに素な任意の自然数aに対して、

$$a^m \equiv 1 \pmod{N}$$

を証明しましょう。証明の仕方は、「フェルマーの小定理」とほとんど同じですから、一般的に行わず、具体例で見ていただくだけにします。

N=15を例にとります。1以上N以下の自然数でNと互いに素なものは、

$$1, 2, 4, 7, 8, 11, 13, 14$$

の8個です。これらの中の1個を選んで（ここでは7を選びます）、これらそれぞれに掛け算して、15で割った余りを求めると、以下のようになります。

$$7 \times 1 \equiv 7,\ \ 7 \times 2 \equiv 14,\ \ 7 \times 4 \equiv 13,\ \ 7 \times 7 \equiv 4$$
$$7 \times 8 \equiv 11,\ \ 7 \times 11 \equiv 2,\ \ 7 \times 13 \equiv 1,\ \ 7 \times 14 \equiv 8 \pmod{15}$$

右辺を見ればわかるように、1, 2, 4, 7, 8, 11, 13, 14の並べ替えになっています。なぜ並べ替えになるかは、前節と全く同じ理由なので、繰り返しません。

これらの合同式を辺々掛け算すると、次の合同式が得られます。

$$7^8 \times 1 \times 2 \times 4 \times 7 \times 8 \times 11 \times 13 \times 14$$
$$\equiv 1 \times 2 \times 4 \times 7 \times 8 \times 11 \times 13 \times 14 \pmod{15}$$

割り算の保存を利用すれば、

$$7^8 \equiv 1 \pmod{15}$$

となり、「オイラーの定理」が得られます。

ウィルソンの定理は、「逆数」と関係する

引き続いて、

〈ウィルソンの定理〉

pを素数とする。そのとき、

$$(p-1)\,! \equiv -1 \pmod{p}$$

の証明を与えましょう。この定理の証明は、前の二つの定理とはちょっと違う工夫が必要です。

まず、前の節でお見せした事実、

「1, 2, 3, 4, 5, 6に3を掛けると、それぞれmod 7で、3, 6, 2, 5, 1, 4と合同になり、並べ替え（順列）になる」

を思い出してください。ここで注目したいのは、5番目の積で、

$$3 \times 5 \equiv 1 \pmod{7}$$

3と5を掛けると、1になる（合同になる）ということは、7を法として3と5が「逆数」の関係にある、と理解できます。3の「逆数」は5で、5の逆数は3ということです。

実は、7を法とすると、1, 2, 3, 4, 5, 6すべてに「逆数」が存在します。その理由は、1, 2, 3, 4, 5, 6すべてにこのうちの一つの数を掛け算すると、並べ替え（順列）が起きるので、必ず1と合同になる数があるからです。

7を法で考えると「逆数」の関係は次のようになります。

1と1, 2と4, 3と5, 6と6

6の「逆数」が自分自身なのは、$6 \equiv -1 \pmod{7}$ と考えれば、

$$6 \times 6 \equiv (-1) \times (-1) \equiv 1 \pmod{7}$$

だから理解しやすいでしょう。このように考えると、1と6以外には、2つの数が「逆数ペア」を作ることがわかります。したがって、この「逆数ペア」を利用すれば、

$$\begin{aligned} 6! &\equiv 1 \times 6 \times (2 \times 4) \times (3 \times 5) \\ &\equiv 1 \times (-1) \times 1 \times 1 \\ &\equiv -1 \pmod{7} \end{aligned}$$

となります。これはまさに、「ウィルソンの定理」です。

素数pを法とすれば、必ず同じことが起きることがわかるでしょう。すなわち、1, 2, …, $p-2$, $p-1$のうち、1と$p-1$以外は、「逆数ペア」を作ることができるから、1, 2, …, $p-2$, $p-1$の積は$1\times(-1)\times1\times\cdots\times1$と合同になる、ということです(厳密には、$p=2$の場合は証明の例外ですが、$1!\equiv-1 \pmod{2}$も偶然成り立っています)。

RSA暗号を支える原理

それでは、ここで、満を持して、最初のほうの節で紹介したRSA暗号の原理を説明しましょう。ざっくり言えば、「オイラーの定理」の簡単な応用です。簡単な応用と言っても、そこには「コロンブスの卵」とでも言うべき、舌を巻く工夫がなされています。

RSA暗号では、二つの異なる素数pとqを用います。実際のpとqは巨大な素数から選ばれるのです。そして、巨大な素数であることがミソなのです。しかし、紙面で巨大な素数を例とするのは無理なので、ここでは、二つの素数を$p=3$と$q=11$と設定します。そして、この二つの素数の積pqを公開鍵Nとします。すなわち、公開鍵は$N=3\times11=33$となります。Nと組になる公開鍵rは、ここでは$r=3$としておきます。公開鍵が

$r=3$の場合、秘密鍵は$s=7$と決まります。これらrとsの選び方は後で解説します。

ここで、ひらがな「え」を暗号化しましょう。まず、「え」は前のほうの節で説明したように、14と数値化されます（あ→11、い→12、う→13、え→14）。次に、14を3乗（r乗）して、33（$=N$）で割った余りを出します。14の3乗は2744だから33で割ると余りは5です。この5が暗号化された「え」なのです。

暗号化：14→（3乗し33で割った余り）→5

では、暗号5を元に戻す（復号する）には、どのようにするのでしょうか。それには秘密鍵$s=7$を使います。暗号5を7乗（s乗）して33で割った余りを出します。5の7乗は78125であり、33で割ると余りは14。確かに元の数14に戻っています。

復号：5→（7乗し33で割った余り）→14

ということです。うまくできていますね。

どうして、このようなことが可能なのでしょうか。

「オイラーの定理」を$N=33$の場合に適用します。まず、33と互いに素でN以下の数を探します。$33=3\times11$と1以外の公約数を持つ数は、3の倍数か11の倍数です。したがって、33以下のその個数は

33−（3の倍数の個数）−（11の倍数の個数）+（3と11の公倍数の個数）

です。最後に(3と11の公倍数の個数)を足すのは、(3の倍数の個数)と(11の倍数の個数)で重複して引いてしまっている分を調整するためです。ここで、

(3の倍数の個数)=33 ÷ 3=11、(11の倍数の個数)=33÷11 = 3、
(3と11の公倍数の個数) = 33 ÷ 33 = 1

となるので、

(33以下で33と互いに素な数の個数)=33−11−3 + 1=20

となります。したがって、「オイラーの定理」から、N=33と互いに素な任意の自然数aに対して、

$$a^{20} \equiv 1 \pmod{33}$$

となります。

さて、公開鍵r=3と秘密鍵s=7の積rs=21は20で割ると余り1であることがポイントです。文章を数値化したものを自然数aとすれば、その暗号化bはa^3を33で割った余りですから、

$$b \equiv a^3 \pmod{33}$$

となります。暗号bを秘密鍵s = 7を使って7乗すると、

$$b^7 \equiv (a^3)^7 \equiv a^{21} \pmod{33}$$

となりますが、ここで、「オイラーの定理」を使えば、

$$a^{21} \equiv a^{20} \times a \equiv 1 \times a \equiv a \pmod{33}$$

ですから、b^7を33で割った余りは自然数aに戻ります。

注目するべきは、公開鍵r=3と秘密鍵s=7をどうやってみ

つけるかです。これは積rsが(20の倍数)＋1となることがミソでした。このようなrとsは、次のようにして発見できます。

まず、20と互いに素で1以上20以下の整数を列挙します。具体的には、

$$1, 3, 7, 9, 11, 13, 17, 19$$

となります。この中の任意の数を公開鍵rとして選びます。今の場合、$r=3$です。次に、これらの数すべてに3を掛けて、20で割った余りを列挙します。

$$3\times1\equiv3,\ 3\times3\equiv9,\ 3\times7\equiv1,\ 3\times9\equiv7,$$
$$3\times11\equiv13,\ 3\times13\equiv19,\ 3\times17\equiv11,\ 3\times19\equiv17 \pmod{20}$$

見ての通り、元の8個の数の並べ替え(順列)になっています。並べ替えになる理由は、「ウィルソンの定理」の証明のところで述べましたので、繰り返しません。

このように並べ替えになること(特に1が現れること)から、$rs\equiv1 \pmod{20}$となるsが存在します。このsに対して、積rsが(20の倍数)+1となります。この場合は、$s=7$です。

なぜ、難攻不落の暗号なのか？

RSA暗号が難攻不落の暗号である理由はなんでしょうか？それは、公開鍵rと秘密鍵sの選び方にあります。

素数pとqを選んだら、公開鍵Nを積pqとすることは説明しました。公開鍵rと秘密鍵sの選び方は、前節で説明したことを一般化すれば、次のようです。

$N=pq$と互いに素な正の整数の個数は、$m=(p-1)(q-1)$となります。それは、

$$N-(N\text{以下の}p\text{の倍数の個数})-(N\text{以下の}q\text{の倍数の個数})$$
$$+(N\text{以下の}pq\text{の倍数の個数})$$
$$=N-(N\div p)-(N\div q)+(N\div pq)$$
$$=pq-q-p+1=(p-1)(q-1)$$

という計算で与えられます。このmに対して、「オイラーの定理」から文章の数字化aは、Nと互いに素であれば、

$$a^m\equiv 1 \pmod N$$

となります。Nと互いに素でない整数は、素数pの倍数またはqの倍数だから、aがそうであるのは天文学的奇跡といっていいから心配する必要はないです。「オイラーの定理」から、

$$a^{2m}\equiv (a^m)^2\equiv 1 \pmod N$$

もわかります。同様にして、

$$a^{(m\text{の倍数})}\equiv 1 \pmod N$$

が成り立ちます。

次に、$rs\equiv 1 \pmod m$となるrとsが、mと互いに素な数の中から必ず見つかります。それは前節と同じ理屈です。それ

で、$rs=(m$の倍数$)+1$となることと、「オイラーの定理」から、

$$a^{rs} \equiv a^{(m\text{の倍数})+1} \equiv a^{(m\text{の倍数})} \times a \equiv a \pmod{N}$$

が成り立ちます。暗号$b \equiv a^r$はs乗してNで割った余りを出すことで元のaに戻るわけです。

RSA暗号の面白い使い方として、電子署名という技術があります。例えば、あなたがネット上にアップロードする書類があなたが書いたものであることを証明したいとしましょう。そのとき、あなたは、あなたの名前（の数値化）を秘密鍵sで暗号化して署名します。書類を見た人は、署名を公開鍵rで復号できます。しかし、この署名をできる人は秘密鍵を知っているあなただけなので、あなたの書類であると証明されるのです。

さて、公開鍵Nとrを知った人が、秘密鍵sを知るにはどうすればよいでしょうか。当然、数mを知る必要があります。$m=(p-1)(q-1)$でしたから、mを知るには、数$(p-1)$と数$(q-1)$を知らなければなりません。ということは、素数pとqをそれぞれ知る必要が出てきます。ポイントは、Nを知っていることからpとqがわかるか、ということです。$N=pq$ですから、Nから素数pとqを知る、ということは、Nを素因数分解する、ということと同じです。ここにsが求められない秘密があるのです。

実は、コンピューターで素因数分解を行う効率的なアルゴリ

ズムは、現在のところ見つかっていません。最も簡単な素因数分解のアルゴリズムは、2以上の整数で順々に割っていく、というものですが、これには膨大な時間がかかることは誰にでも明らかでしょう。これよりはずっとマシなアルゴリズムがいろいろ見つかっています。AKSアルゴリズムとか、ポラードの$p-1$法とか、数体ふるい法などです(これらの詳しい解説は[8]を参照のこと)。しかし、これらのアルゴリズムは、ある特定の種類の整数にだけ有効なもので、とりわけ大きな素数2個の積のような整数には有効ではありません。これが、RSA暗号が不可逆的であり、難攻不落となる理由なのです。

五段編

順列・組合せと素数
～素数定理への最初のアプローチ

順列・組合せと素数は仲良し

「組合せ数$_nC_r$」の公式をご存じでしょうか？

「順列・組合せ」は、高校数学の「場合の数」という単元に属し、苦手な人や嫌いな人が続出します。公式がどうしてそうなるのか理解しづらく、さらに具体的な問題への適用がややこしくて頭が混乱するからです。

確かに、「順列・組合せ」は、社会に出てもあまり役に立つことはありません。仕事の中で出てくる「場合を数える」という場面は、そんな入りくんだものはなく、多少入りくんでいても表計算ソフトなどで自動的にカウントしてくれるからです。

ところが、こと素数の性質を解明する上では、「順列・組合せ」は大きな威力を発揮するのです。とくに、「組合せ数$_nC_r$」は、素数の解析に欠かせない武器となります。

組合せ数$_nC_r$は、英語「Combination（コンビネーション）」からCを使っています。$_nC_r$は、「n個の異なるモノからr個を選ぶ選び方の総数」を表す記号です。例えば、$_6C_3$は、「6個の異なるモノから、3個を選ぶ選び方の総数」を表します。具体的に列挙してみれば、$_6C_3=20$とわかりますが、計算で求める公式はあとで解説します。

この組合せ数$_nC_r$がどうして素数の性質を調べるのに役立つか、というと、おおまかには次の3つの性質だと考えられます。

（性質1）${}_n\mathrm{C}_r$は整数たちの積を割り算することで計算されるが、うまく約分でき結果が整数になる。

（性質2）${}_n\mathrm{C}_r$は、多項式の展開公式に係数として現れる。

（性質3）${}_n\mathrm{C}_r$の大きさは、近似的でいいなら、nとrのとても簡単な式で計算できる。

以下、この編全部を使って、組合せ数が素数の性質を解き明かす様子を解説していきます。とりわけ、最後には、あっと驚く「素数定理（73ページ）への最初のアプローチ」をお見せしましょう。

${}_n\mathrm{C}_r$の公式を理解する

組合せ数${}_n\mathrm{C}_r$は、「n個の異なるモノからr個を選ぶ選び方の総数」を意味し、次の公式で計算できます。

（${}_n\mathrm{C}_r$の公式）　$${}_n\mathrm{C}_r=\frac{n\times(n-1)\times\cdots\times(n-r+1)}{r\times(r-1)\times\cdots\times2\times1}$$

ここで分子は、「nから1ずつ下がるr個の連続整数の積」です。言い換えると、「nから$(n-r+1)$までr個の積」です。他方、分母は「rから1ずつ下がるr個の連続整数の積」です。言い換えると、「rの階乗」$r!$です（94ページ参照）。

この公式がどうして「n個の異なるモノからr個を選ぶ選び方の総数」を計算することになるのか、具体例から説明しましょう。

今、「1から6までの6個の整数から3個を選ぶ選び方」${}_6C_3$を考えましょう。

まず、この6個の整数1, 2, 3, 4, 5, 6から3個を選んで並べてできる3ケタの整数が全部で何個あるかを数えます。これを「順列」と言って、${}_6P_3$と記します。

この個数を数えるには、樹形図を使うのが有効です。百の位には、1から6までの整数が自由に置けますから6つに枝分かれします(図5-1)。十の位は、百の位おのおのの枝先から枝分かれさせて決めます。百の位においた数以外の数を置けることから、5つに枝分かれします(図5-2)。図では、3の枝先には、3を除いた5個の数字を置けるので、5つに枝分かれしています。最後に一の位は、百の位と十の位とは異なる4つの数を置けるので、十の位の枝先6×5個おのおのから4つに枝分かれします(図5-3)。図では、百の位が3で十の位が5の枝先だから、3, 5以外の4個の数字が置けるので、4つに枝分かれします。まとめると、最初6つに、次に5つに、最後に4つに枝分かれするので、枝は全部で、6×5×4通りできるわけです。これが1, 2, 3, 4, 5, 6から繰り返しを許さずに作る整数の総数です。

図5-1　百の位

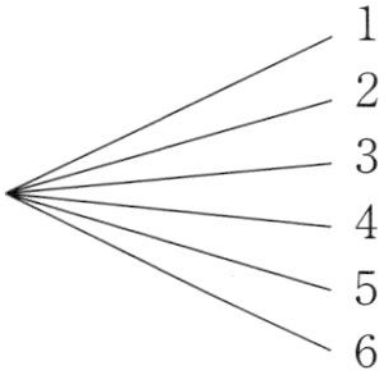

図5-2

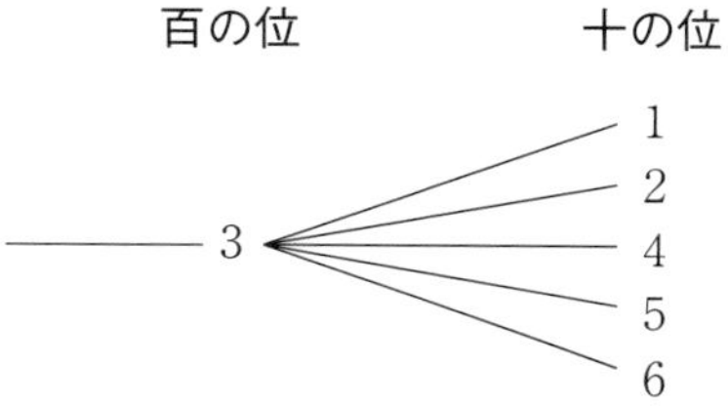

図5-3

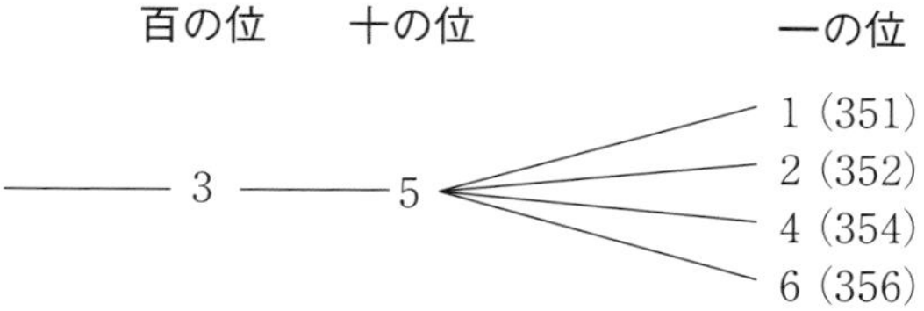

これは「順列」をカウントしたものですが、求めたい「組合せ数」は「6個の中から異なる3個を選んだ組合せ」ですから、並んでいる順番には関係ありません。例えば、136, 163, 316, 361, 613, 631の6個の3ケタの整数は、上記の「順列」では異なるもの（異なる整数）とカウントされていますが、「組合せ」として見る場合は、単に「1と3と6の組」という同一の組合

せを表しています。したがって、今、樹形図で数えた「3ケタの整数の総数(順列)」は、求めたい「組合せ」の総数の6倍になります。この「6倍」の6はどこから来るか、と言うと、3個の数字1, 3, 6を並べて作る3ケタの整数の総数のことですから、先ほどと同じ樹形図のカウントによって、3×2×1通りと計算されます。

図5-4

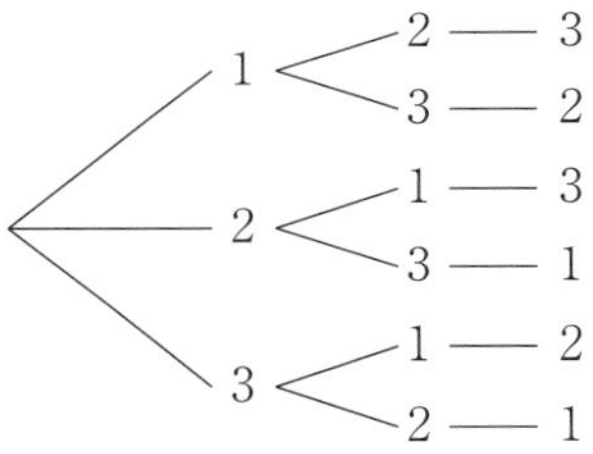

3×2×1

以上から、6×5×4通りの枝(順列)は、目標の「組合せ」数の3×2×1倍になっています。だから、順列の数6×5×4を3×2×1で割り算すれば「組合せ」の数が出ます。すなわち、

$$ {}_6C_3 = \frac{6\times 5\times 4}{3\times 2\times 1} $$

と計算されます。

これを一般的にやれば、前述の「${}_nC_r$の公式」が証明されます。

2項定理

組合せ数の重要な応用に「2項定理」があります。これは、$(x+y)^n$ を展開してできる多項式の係数に組合せ数が現れることを主張するものです。実際、

$$(x+y)^2 = x^2+2xy+y^2$$

で右辺の係数だけを抜き出すと、1, 2, 1となっています。これは順に、${}_2\mathrm{C}_2$, ${}_2\mathrm{C}_1$, ${}_2\mathrm{C}_0$ と一致しています（ちなみに、${}_n\mathrm{C}_0$ は1と定義されます）。また、

$$(x+y)^3 = x^3+3x^2y+3xy^2+y^3$$

の係数、1, 3, 3, 1も、順に ${}_3\mathrm{C}_3$, ${}_3\mathrm{C}_2$, ${}_3\mathrm{C}_1$, ${}_3\mathrm{C}_0$ と一致しています。これを一般化したものが、次の「2項定理」なのです。

〈2項定理〉

$(x+y)^n$ を展開してできる多項式の項 $x^r y^{n-r}$ の係数は、${}_n\mathrm{C}_r$ である。

なぜこの定理が成り立つかを、具体例によって説明しましょう。

$$(x+y)^3 = (x+y)(x+y)(x+y)$$

を展開する場合、「1番目のカッコから x か y か一方を選び、二番目のカッコから x か y か一方を選び、三番目のカッコから x か y か一方を選び、掛け合わせる」ことで項ができます。例え

ば、1番目からx、2番目からy、3番目からxを選んで掛け合わせると、$x \times y \times x = x^2y$という項ができます。

このように考えることで、$(x+y)^3$を展開・整理するとき、x^2yという項が何個出てくるか数え上げることができます。x^2yという項は、3個のカッコの中の2個からxを、残る1個からyを選ぶことで作られるので、その個数は「3個から2個を選ぶ組合せ数」${}_3\mathrm{C}_2$となります。これが、$(x+y)^3$を展開・整理した多項式でのx^2yの係数が${}_3\mathrm{C}_2$となる理由です。

この議論を一般化すれば、2項定理が証明できることは、それほど困難なく理解できるでしょう。先ほど提示した2項定理を、書きくだしたものが以下です。

〈2項定理〉

$$(x+y)^n = {}_n\mathrm{C}_n x^n + {}_n\mathrm{C}_{n-1} x^{n-1} y + {}_n\mathrm{C}_{n-2} x^{n-2} y^2 + \cdots + {}_n\mathrm{C}_1 x y^{n-1} + {}_n\mathrm{C}_0 y^n$$

組合せ数からフェルマーの小定理へ

さて、組合せ数の公式を素数に応用してみましょう。

${}_n\mathrm{C}_r$においてnが素数の場合は、面白いことがわかります。例えば、$n=7$の場合、

$${}_7\mathrm{C}_3 = \frac{7 \times 6 \times 5}{3 \times 2 \times 1} = 35$$

ですが、分子に掛けられている素数7$(=n)$は、分母の掛け算に現れる3$(=r)$以下の数では約分されません。なぜなら、7$(=n)$は素数だから、それより小さい（2以上の）整数では割り切れないからです。したがって、約分されないことから、${}_7\mathrm{C}_3=35$は7の倍数になっています。このことは一般的に成り立ちます。

〈定理（nが素数の${}_n\mathrm{C}_r$）〉

nが素数で、$1 \leqq r \leqq n-1$ならば、${}_n\mathrm{C}_r$はnの倍数となる。

2項定理とこの定理を合わせると、なんと！、「フェルマーの小定理」（89ページで紹介）が証明できるのです。

今、素数pが7の場合を考え、「$2^{7-1}-1$が7の倍数となる」ことを具体的に計算することなしに示すことにします。

まず、2項定理から、（${}_7\mathrm{C}_7={}_7\mathrm{C}_0=1$に注意して）、

$$(x+y)^7 = x^7 + {}_7\mathrm{C}_6x^6y + {}_7\mathrm{C}_5x^5y^2 + {}_7\mathrm{C}_4x^4y^3 + {}_7\mathrm{C}_3x^3y^4 + {}_7\mathrm{C}_2x^2y^5 + {}_7\mathrm{C}_1xy^6 + y^7$$

となります。この等式に$x=y=1$を代入すれば、

$$2^7 = 1 + {}_7\mathrm{C}_6 + {}_7\mathrm{C}_5 + {}_7\mathrm{C}_4 + {}_7\mathrm{C}_3 + {}_7\mathrm{C}_2 + {}_7\mathrm{C}_1 + 1$$

が得られます。右辺の2個の1を左辺に移項すれば、

$$2^7-2 = {}_7\mathrm{C}_6 + {}_7\mathrm{C}_5 + {}_7\mathrm{C}_4 + {}_7\mathrm{C}_3 + {}_7\mathrm{C}_2 + {}_7\mathrm{C}_1$$

ここで、右辺に現れる組合せ数は、みな、

$${}_7\mathrm{C}_r\ (1 \leqq r \leqq 6)$$

となっています。7が素数であることから、定理「nが素数の${}_nC_r$」によって、これらはすべて7の倍数であるとわかります。したがって、

$$2^7-2=(7の倍数)$$

ということがわかりました。2をくくり出せば、

$$2^7-2=2(2^6-1)=(7の倍数)$$

とわかりますから、2が素数7の倍数でないことから、

$$2^{7-1}-1=(7の倍数)$$

が得られます。

このプロセスを一般化すれば、任意の素数pに対しても

$$2^{p-1}-1=(pの倍数)$$

が証明できます。これは「フェルマーの小定理」です。素数pと互いに素な一般の正整数aに対しての、

$$a^{p-1}-1=(pの倍数)$$

も同じように2項定理を利用して証明できますが、ここでは省略しましょう。

${}_{2n}C_n$は特別な存在

さて、素数定理はどうして成り立つのでしょうか？そして、「素数の確率」にlogが現れるのはなぜなのでしょうか？

以下、数学者ボレルの説明（[9]）にそってその直感的理由を

解説していきます。ただし、あくまで「直感的」な説明であって、決して「きちんとした証明」ではない、ということを事前にお断りしておきます。

「素数定理がなぜ成り立つか」は、組合せ数を使うと直感的に理解できるのです。それは、「$2n$個の異なるモノの中からn個を選ぶ組合せ数」${}_{2n}\mathrm{C}_n$の分析によって得られます。「${}_n\mathrm{C}_r$の公式」で、nを$2n$に置き換え、rをnに置き換えれば、

$${}_{2n}\mathrm{C}_n = \frac{2n\times(2n-1)\times\ \cdots\times(n+1)}{n\times(n-1)\times\ \cdots\ \times2\times1}$$

が得られます。素数定理にこれを応用するには、

$$2n\times(2n-1)\times\ \cdots\ \times(n+1)\times n! = (2n)!$$

であることから、分母・分子に$n!$を掛け、

（${}_{2n}\mathrm{C}_n$の公式）　$${}_{2n}\mathrm{C}_n = \frac{(2n)!}{(n!)\times(n!)}$$

と書き換えておくほうが便利です。

${}_{2n}\mathrm{C}_n$の素因数を調べる

さて、この組合せ数${}_{2n}\mathrm{C}_n$の素因数を調べることが、素数定理の直感的説明につながります。そこで、${}_{2n}\mathrm{C}_n$の素因数が、どんな素数かを見ていくことにしましょう。まず、具体例を見てみ

ます。

今、n=20とします。公式から、

$$ {}_{40}C_{20} = \frac{40!}{20! \times 20!} $$

となります。40以下の各素数について、それがこの数の約数になるかどうかは、分子の40!を分母の20!×20!で約分する際に、その素数が約分され切って消えてしまうか、生き残るか、を判断すればよいです。例えば、素数7について見てみましょう。

40 ÷ 7 = 5余り5であることから、1から40（=2n）までに7の倍数は5個あるとわかります。したがって、40!には、素数7が5個掛け算されていることになります。他方、1から20（= n）までには、7の倍数は、20÷7=2余り6から2個であることがわかります。したがって、20! × 20!には、7の倍数が2 × 2 = 4個あることがわかります。つまり、素数7は、分子には5個掛け算され、分母には4個掛け算されているので、約分すると1個残ることになります。

${}_{40}C_{20}$は7を1個だけ素因数に持つ

ということがわかりました。

次に、素数11について見てみましょう。40 ÷ 11=3余り7ですから、40!に素数11は3個掛け算されています。他方、20÷11=1余り9ですから、20! × 20!には素数11が1×2=2個掛け算されます。素数11は、分子には3個、分母には2個掛け算されてい

るので、約分によって1個生き残ることがわかり、

$_{40}C_{20}$は11を1個だけ素因数に持つ

もう一つ、素数17について見てみます。40÷17=2余り6ですから、40!に素数17は2個掛け算されています。他方、20÷17=1余り3ですから、20!×20!には素数17が1×2＝2個掛け算されます。素数17は、分子には2個、分母には2個掛け算されているので、約分され切ってしまい、消えてしまいます。つまり、

$_{40}C_{20}$は17を素因数に持たない

ということがわかります。

以上で、$_{40}C_{20}$の素因数に素数7と素数11は1個ずつ現れ、素数17は現れない、とわかりました。この違いはどこから来るのでしょうか。それは実は、「40を素数で割った商が奇数か偶数か」ということで判定できます。素数7と素数11は、40を割った商が奇数になっています。それゆえ、約分によって生き残ります。素数17は40を割った商が偶数になっています。それゆえ、約分によって消えてしまうのです。

ただし、この判定法には、一部例外があるので注意が必要です。素数5について見てみましょう。40÷5＝8余り0で、割った商が偶数なので約分されて消えるか、というとそうなりません。なぜなら、40までの5の倍数は、

$5=5\times1,\ 10=5\times2,\ 15=5\times3,\ 20=5\times4,\ 25=5\times5,$

$30=5\times6,\ 35=5\times7,\ 40=5\times8$

となっています。商は8なので、8個の5の倍数が含まれるのですが、25に5が2個含まれるため、分子には9個の素数5が掛け算されます。したがって、分母の$4\times2=8$個の素数5を約分してもまだ生き残ります。

このような例外が生じるのは、40が素数5の2乗より大きいためです。つまり、上記の判定法は、2乗が40より小さい素数には通用しないのです。しかし、このような例外は、素数定理の直感的説明では問題になりません。なぜなら、そのような素数は$\sqrt{2n}$より小さいので、近似計算では無視できるからです。

$2n$を割った商が奇数の素数

前節で、${}_{2n}\mathrm{C}_n$の素因数についての判定法を具体例から説明しました。ここで、判定法を一般的にまとめることにしましょう。

〈${}_{2n}\mathrm{C}_n$の素因数の判定法〉

素数pは$\sqrt{2n}<p<2n$を満たすとする。このとき、$2n$をpで割った商が奇数なら、${}_{2n}\mathrm{C}_n$はpを1個だけ素因数として持ち、偶数なら素因数として持たない。

この判定法の証明は、前節の議論を一般化するだけのことです。やってみます。

$2n$をpで割った商がmである、ということは、pのm倍までは$2n$を越えないけれど、$(m+1)$倍では越えてしまう、ということです。したがって、次の不等式と同値です。

$$mp \leqq 2n < (m+1)p$$

ここで、$2n$をpで割った商mが偶数$2a$だったとしましょう(aは自然数)。このとき、

$$2ap \leqq 2n < (2a+1)p$$

となります。辺々を2で割り算すれば、

$$ap \leqq n < (a+0.5)p$$

となります。この不等式が成り立つなら、0.5を1と取り換えて、

$$ap \leqq n < (a+1)p$$

は明らかに成り立ちます。これは、nをpで割った商がaであることを意味します。すると、$(2n)!$に素数pが$2a$個掛け算されていること、$n! \times n!$に素数pが$a \times 2$個掛け算されることがわかります。したがって、${}_{2n}\mathrm{C}_n$では素数pは約分されて消えてしまいます。

次に、$2n$をpで割った商mが奇数$2a+1$だったとしましょう(aは0以上の自然数)。このとき、

$$(2a+1)p \leqq 2n < (2a+2)p$$

と書けます。辺々を2で割り算すれば、

$$(a+0.5)p \leqq n < (a+1)p$$

が得られます。この不等式から、0.5を0に変えた、

$$ap \leqq n < (a+1)p$$

は明らかに成り立ちます。この不等式は、nをpで割った商がaであることを意味しています。すると、$(2n)!$に素数pが$(2a+1)$個掛け算されていること、$n! \times n!$に素数pが$a \times 2$個掛け算されることがわかります。したがって、${}_{2n}\mathrm{C}_n$では素数pは約分され、ちょうど1個だけが生き残ります。

以上で判定法の証明が完成しました。

${}_{2n}\mathrm{C}_n$の近似素因数分解

前節の判定法を用いて、${}_{40}\mathrm{C}_{20}$を「近似的に素因数分解」してみましょう。ここで「近似的」というのは、$\sqrt{40}$以下の素数、つまり素数2, 3, 5については無視する、という意味です。

40を割った商が奇数なのは、7, 11, 13, 23, 29, 31, 37なので、${}_{40}\mathrm{C}_{20}$の素因数分解には、素数7, 11, 13, 23, 29, 31, 37は1個ずつ現れ、素数17と19は現れない、と判定できます。このことから、次の近似式が得られます。

$${}_{40}\mathrm{C}_{20} \approx 7 \times 11 \times 13 \times 23 \times 29 \times 31 \times 37$$

となります。ここで、記号「≈」は「近似的に等しい」を意味しています。

実際には、左辺は137846528820で、右辺は765814049ですから、ずいぶんずれているように見えますが、それは、素数2, 3, 5について無視しているからです。nを大きくして行けば、$\sqrt{2n}$以下の素数の及ぼす影響は相対的に小さくなると考えられるため、素数定理のような近似定理においては問題とはならなくなると見なします。以上の議論を一般的に書くと、

（${}_{2n}\mathrm{C}_n$の近似素因数分解）

${}_{2n}\mathrm{C}_n \approx$（$2n$を割った商が奇数となる素数たち1個ずつの積）

ということになります。この近似素因数分解を用いると、冒頭に紹介した素数定理および「素数の確率」の直感的な理解が得られます。

組合せ数${}_{2n}\mathrm{C}_n$の素因数分解

素数定理に迫るために、「$2n$を素数pで割った商が奇数になる条件」を考えましょう。$2n=40$の場合、素数pに対して、「40をpで割った商がaとなる」とは、「pのa倍は40を超えないが、$(a+1)$倍では超えてしまう」、ということですから、

$$pa \leqq 40 < p(a+1)$$

が条件です。40に対して、奇数aについての条件の不等式をひとつひとつ作っていけば、

$$p \times 1 \leqq 40 < p \times 2$$

$$p \times 3 \leqq 40 < p \times 4$$

$$p \times 5 \leqq 40 < p \times 6$$

です。これらを、pを主役に書き直せば、

$$40 \times \frac{1}{2} < p \leqq 40 \times \frac{1}{1} \quad \cdots①$$

$$40 \times \frac{1}{4} < p \leqq 40 \times \frac{1}{3} \quad \cdots②$$

$$40 \times \frac{1}{6} < p \leqq 40 \times \frac{1}{5} \quad \cdots③$$

となります。したがって、$40(=2n)$を割った商が奇数となる素数pは、区間①、②、③、･･･のいずれかに含まれる素数ということになります。実際、23, 29, 31, 37の4個は区間①に含まれ、11, 13は区間②に含まれ、7は区間③に含まれ、17と19はどの区間にも含まれません。

ここで、区間①、②、③、･･･を合併してできる領域を領域Ⅰと記しましょう。この法則を用いて、先ほどの「${}_{2n}\mathrm{C}_n$の素因数分解」を書き直せば、

$${}_{2n}\mathrm{C}_n \approx (\text{領域Ⅰに属する全素数の積})$$

となります。

領域Ⅰの長さは、

(①の長さ)＋(②の長さ)＋(③の長さ)＋ ･･･

ですから、

（領域Iの長さ）

$$=40\times\left(\frac{1}{1}-\frac{1}{2}\right)+40\times\left(\frac{1}{3}-\frac{1}{4}\right)+40\times\left(\frac{1}{5}-\frac{1}{6}\right)+\cdots$$
$$=40\times\left(\frac{1}{1}-\frac{1}{2}+\frac{1}{3}-\frac{1}{4}+\frac{1}{5}-\frac{1}{6}+\cdots\right)$$

となります。実際には、区間の幅が十分小さくなって0に近くなったら、条件の意味をなさなくなりますが、ここで扱っているのはあくまで近似なので、「…」として無限個の分数の交代和（プラス・マイナスが交互になる和）として表しておきます。

これを十分大きな$2n$に対して一般化すれば、次の法則が得られます。

（${}_{2n}\mathrm{C}_n$の素因数の存在領域）

${}_{2n}\mathrm{C}_n$の近似素因数分解を

$${}_{2n}\mathrm{C}_n \approx p_1p_2p_3\cdots p_t$$

とすれば、素数$p_1, p_2, p_3, \cdots p_t$たちは、長さが、

$$2n\left(\frac{1}{1}-\frac{1}{2}+\frac{1}{3}-\frac{1}{4}+\frac{1}{5}-\frac{1}{6}+\cdots\right)$$

であるような領域Iの全素数である。

ここまで来ると、「素数の分布」が浮かび上がる様子がわかります。まず、${}_{2n}\mathrm{C}_n$が素数$p_1, p_2, p_3, \cdots, p_t$の1個ずつの積で近似できることで、これは素数の個数の見積もりに使えそうです。しかも、それらの素数がどのくらいの長さの領域に存在し

ているかもわかります。したがって、結局、「どのくらいの長さの領域に、どのくらいの素数が存在しているか」が浮かび上がっているわけです。

${}_{2n}\mathrm{C}_n$ の大きさをおおざっぱに見積もる

最終地点が見えてきました。ここで、${}_{2n}\mathrm{C}_n$ のおおざっぱな大きさを見積もることに歩みを進めましょう。結論を先に言えば、

（${}_{2n}\mathrm{C}_n$ の近似公式）　　${}_{2n}\mathrm{C}_n \approx 2^{2n}$

です。意外に簡単な式で近似できることに驚かれたことでしょう。

この近似公式は、「二項定理」から得られます。例えば、前のほうの節で出てきた通り、$(x+y)^7$ の展開公式から、

$$2^7 = 1 + {}_7\mathrm{C}_6 + {}_7\mathrm{C}_5 + {}_7\mathrm{C}_4 + {}_7\mathrm{C}_3 + {}_7\mathrm{C}_2 + {}_7\mathrm{C}_1 + 1$$

が得られます。同じように $(x+y)^{2n}$ の展開公式に $x=y=1$ を代入すれば、

$$2^{2n} = 1 + {}_{2n}\mathrm{C}_{2n-1} + {}_{2n}\mathrm{C}_{2n-2} + \cdots + {}_{2n}\mathrm{C}_1 + 1 \qquad \cdots\cdots④$$

が得られます。つまり、組合せ数の和は2のべき乗になる、というわけです。

ここで、次の事実を暗黙に認めることとします。すなわち、

「${}_{2n}\mathrm{C}_k$ $(k = 0, 1, 2, \cdots, 2n)$ たちの中では、中央にある ${}_{2n}\mathrm{C}_n$ が他に比べて圧倒的に大きい」

という事実です。例えば、$2n=10$ は次の表です。

表5-1

k	8	7	6	5	4	3	2
${}_{10}\mathrm{C}_k$	45	120	210	252	210	120	45

$n=5$の近辺で、急に値が大きくなることが見て取れるでしょう。nが大きな数になると、この傾向はもっと顕著になって行きます。したがって、十分大きなnに関する${}_{2n}\mathrm{C}_k$（$k=0, 1, 2, \cdots, 2n$）においては、${}_{2n}\mathrm{C}_n$がそれ以外の${}_{2n}\mathrm{C}_k$たちに比べて圧倒的に大きくなり、④式の右辺の和は、事実上${}_{2n}\mathrm{C}_n$の値で支配され、ほぼこの値で近似できると判断できます。それで、

$$ {}_{2n}\mathrm{C}_n \approx 2^{2n} $$

という近似式が得られるわけです（このことは精密に証明できるのですが、ここでは割愛します）。

ちなみに、この近似式は「確率的な意味」を持っています。上の表は、「コインを10枚投げたときに出る表の枚数」それぞれに関して、その場合の数となっています。例えば、10枚のうち表が7枚出る場合の数は120通りということです。これから、「コインを10枚投げたときに表が7枚出る」確率が、$120/2^{10}$だとわかります。この観点から今の事実を見直せば、「十分大きいnに関して、$2n$枚のコインをいっぺんに投げると、表の枚数がn枚になる確率が圧倒的に大きい」ということで、直感的にはあたりまえに思えます。

いよいよ、素数定理のからくりを解明する

準備が整いましたので、いよいよ、素数定理のからくりを解明することとしましょう。まず、「${}_{2n}\mathrm{C}_n$の近似素因数分解」

$${}_{2n}\mathrm{C}_n \approx p_1 p_2 p_3 \cdots p_t$$

（右辺は領域Iの全素数の積）

と、前節の近似式${}_{2n}\mathrm{C}_n \approx 2^{2n}$から、

$$2^{2n} \approx p_1 p_2 p_3 \cdots p_t$$

という近似式が得られます。そして、この両辺の対数をとります。

$$\log 2^{2n} \approx \log (p_1 p_2 p_3 \cdots p_t)$$

ここで、対数法則（68ページ）、$\log(ab) = \log a + \log b$、を用います。

左辺 $= \log(2 \times 2 \times \cdots \times 2) = \log 2 + \log 2 + \cdots + \log 2 = 2n \log 2$

右辺 $= \log p_1 + \log p_2 + \cdots + \log p_t$

ですから、

$$2n \log 2 \approx \log p_1 + \log p_2 + \cdots + \log p_t$$

となります。一方、右辺に現れる素数たちが存在する領域Ｉの長さは、前の節から、

$$2n\left(\frac{1}{1} - \frac{1}{2} + \frac{1}{3} - \frac{1}{4} + \frac{1}{5} - \frac{1}{6} + \cdots\right)$$

となっていました。ここで、面白い事実が知られています。それは、カッコ内の交代和を無限の先まで計算すれば、ぴったり

log2になる、という事実です。この性質については、あとの編で説明します(218ページ)。したがって、(領域Ｉの長さ)≈2$n$log2、がわかります。これらから、

(領域Ｉの長さ)≈(領域Iに存在する全素数の対数の和)…(☆)

というすばらしい近似式が手に入りました。

さてここで、次のような「論理のアクロバット」を実行しましょう。数学の証明ではこういうアクロバットは認められませんが、今は「直感的理解」「イメージ的導出」「ナゾ解き」をしているだけなので、許してもらうことにします。

素数が確率的存在である(77～78ページ)ことを認めるなら、近似式(☆)は、領域Ｉだけでなく、十分大きな長さを持つ領域なら任意の領域でこれが成り立つ、と推測できるでしょう。したがって、これを0以上 m 以下の領域に適用すれば、

m≈(m 以下の全素数の対数の和)

が得られます。右辺がチェビシェフ第1関数 $\theta(m)$ であることを思い出して下さい。この式は $\theta(x) \approx x$ を意味しています。このことは、82～83ページで解説したことにある程度の信憑性を与えています。ここで、m をそれほど離れていない2つの自然数 m_1 と m_2($m_1 < m_2$)と設定し m_1 と m_2 の間には素数がいくつか含まれているとします。上の近似式から、

m_1≈(m_1 以下の全素数の対数の和)$=\theta(m_1)$

m_2≈(m_2 以下の全素数の対数の和)$=\theta(m_2)$

となります。下から上を引き算すれば、

$$m_2-m_1\approx(m_1\text{以上}m_2\text{以下の全素数の対数の和})$$

が得られます。m_1以上m_2以下の適当な整数をmとすれば、右辺は$\log m$を「m_1以上m_2以下の素数の個数」分だけ加えたものとほとんど一致しますから、

$$m_2-m_1\approx(m_1\text{以上}m_2\text{以下の素数の個数})\times\log m$$

となります。書き換えれば、

$$(m_1\text{以上}m_2\text{以下の素数の個数})\approx\frac{m_2-m_1}{\log m}$$

となります。これはまさに、76〜78ページで解説した「素数定理の確率解釈」、

$$x\text{が素数である確率は、}\frac{1}{\log x}$$

ということを示唆しています。これで、「素数定理の直感的理解」に到達することができました。いろいろな「飛躍」があったものの、非常に初等的に導出できているところに意義があります。そして、素数の個数に対数が関わることの「本質」が浮かび上がっているのも、セールスポイントです。数学の定理は、いつでも厳密な証明から認識されるのではなく、このような「直感」から認識されることも多いのです。

素数定理のきちんとした数学的な証明は、名人編で解説します。

無限和と素数
〜オイラーの大発見

六段編

オイラーの新発見

初段編で解説したように、「素数が無限個存在する」ということは、紀元前ギリシャでピタゴラスによって既に証明されていました。それ以降、2千年くらいにわたって、素数の個数に関する研究に、大きな進展はありませんでした。次なる進展をもたらしたのは、18世紀の数学者オイラーでした。

オイラーは1737年に、素数の個数に関する驚くべき発見をしました。それは、「素数の逆数をすべて加えると無限大になる」ということです。式で書けば、

$$\frac{1}{2}+\frac{1}{3}+\frac{1}{5}+\frac{1}{7}+\cdots=\infty$$

ということです。素数は無限個ありますから、これは「無限個の数の足し算」となります。無限個の数を加える計算については後で詳しく説明しますが、大事なのは、「素数の逆数和が無限大になるのは当たり前ではない」、ということです。並んでいる数がどんどん小さくなって行く場合、「無限個を加えても有限値になる」ことは普通に起こります。素数が無限個あるからといって、それだけでそれらの逆数を全部加えて無限になるとは言えません。したがって、この式は「素数が無限個ある」ということを超えた新しい事実を含有しているのです。このオイラーの発見は、ギリシャ時代のピタゴラスの発見を真に超え

た結果だと言えます。

無限個の数を加え合わせる

　まずは「無限和」について説明しましょう。無限個の正数 a_1, a_2, a_3, …の和、

$$S=a_1+a_2+a_3+\cdots \quad (\text{各} a_k \text{は正})$$

の計算は、以下に解説する定義の仕方によって、次のいずれかに分類されます。$S_n=a_1+a_2+\cdots+a_n$ とおくとき、

(i) S_n はすべての n についてある一定値を超えない。
(ii) S_n はどんな正数も超えていく。

(i) の場合が**ケース1**「S は有限値 a となる」であり、
(ii) の場合が**ケース2**「S は無限大（∞）になる」となります（[10]）。

どちらのケースに分類されるかは、n 項目までの和（部分和と呼ぶ）、

$$S_n=a_1+a_2+a_3+\cdots+a_n$$

を調べることからわかります。「ある一定数 α があって、α から S_n を引いた差 $\alpha-S_n$ が、n を大きくしていくにしたがって、いくらでも0に近づく」なら、**ケース1**です。すなわち、

$$\alpha - S_n \to 0 \text{ならば、} S = \alpha$$

ここで「→」とは、「数列が近づいていく」ということを表す記号です。一方、「どんなαをとっても、αからS_nを引いた差$\alpha - S_n$が、いくらでも0に近づくことがない」とき、**ケース2**と結論されます。これは言い換えると、「部分和S_nが、nを大きくしていくとき、どんな自然数mよりも大きくなりうる」場合と同じです。

nを大きくするとき、S_nが任意の自然数mより大きくなりうるなら、$S=\infty$

ということです。

有限になる無限和・無限になる無限和

以上のことは具体例から理解するのがよいでしょう。以下は、**ケース1**の例です。

$$S = \frac{1}{2} + \frac{1}{4} + \frac{1}{8} + \cdots + \frac{1}{2^n} + \cdots$$

これは見ての通り、2のべき乗の逆数をすべて加え合わせた無限和です。$\alpha=1$に対して、**ケース1**が成立することは以下のようにすればわかります。部分和、

$$S_n = \frac{1}{2} + \frac{1}{4} + \frac{1}{8} + \cdots + \frac{1}{2^n}$$

を1から引いた差、$1-S_n$、を調べましょう。

例えば、3項目までの和S_3の場合は、最後の項である$\frac{1}{8}$をもう一個加えてみると、

$$\begin{aligned} & S_3 + \frac{1}{8} \\ &= \left(\frac{1}{2} + \frac{1}{4} + \frac{1}{8} \right) + \frac{1}{8} \\ &= \left(\frac{1}{2} + \frac{1}{4} \right) + \frac{1}{4} \\ &= \frac{1}{2} + \frac{1}{2} \\ &= 1 \end{aligned}$$

という具合にちょうど1になります。だから、$1-S_3$はちょうど加えた数と一致し、$1-S_3=1/8$がわかります。S_nについても、最後の項$1/2^n$をもう一つ加えることで同じ仕組みが起き、$1-S_n=1/2^n$が得られます。ここで右辺$1/2^n$は、nを大きくすると分母がいくらでも大きくなり、$1/2^n$はいくらでも0に近づきます。したがって、**ケース1**が適用でき、

$$S = \frac{1}{2} + \frac{1}{4} + \frac{1}{8} + \cdots + \frac{1}{2^n} + \cdots = 1$$

となります。

次に**ケース2**の例をお見せしましょう。以下です。

$$S=\frac{1}{1}+\frac{1}{2}+\frac{1}{3}+\cdots+\frac{1}{n}+\cdots$$

これは、自然数の逆数をすべて加え合わせたものです。部分和、

$$S_n=\frac{1}{1}+\frac{1}{2}+\frac{1}{3}+\cdots+\frac{1}{n}$$

は、「nを大きくするといかなる自然数mよりも大きくなりうる」ことが、次のようにわかります。

まず、$\frac{1}{3}$より$\frac{1}{4}$のほうが小さいことから、

$$\frac{1}{3}+\frac{1}{4}>\frac{1}{4}+\frac{1}{4}=\frac{1}{4}\times 2=\frac{1}{2}$$

$\frac{1}{5}$，$\frac{1}{6}$，$\frac{1}{7}$より$\frac{1}{8}$が小さいことから、

$$\frac{1}{5}+\frac{1}{6}+\frac{1}{7}+\frac{1}{8}>\frac{1}{8}+\frac{1}{8}+\frac{1}{8}+\frac{1}{8}=\frac{1}{8}\times 4=\frac{1}{2}$$

以下同様にして、「$\frac{1}{9}$から$\frac{1}{16}$の和は$\frac{1}{2}$より大きい」、「$\frac{1}{17}$から$\frac{1}{32}$の和は$\frac{1}{2}$より大きい」、一般に、「$\frac{1}{(2^k+1)}$から$\frac{1}{2^{k+1}}$までの和は、$\frac{1}{2}$より大きい」ことがわかります（$\frac{1}{2^{k+1}}\times 2^k=\frac{1}{2}$より）。したがって、任意の自然数$m$に対して、$n$を十分大きくすれば、$S_n$は$m$より大きくできます。すなわち、**ケース2**となって、

$$S=\frac{1}{1}+\frac{1}{2}+\frac{1}{3}+\cdots+\frac{1}{n}+\cdots=\infty$$

がわかります。

ちなみに、この結果は、1350年頃のフランスのニコラ・オレームという人が証明した、という記録があるそうです。近代的な数学が構築される前ですから、驚くべき発見です。

無限和が教えてくれること

自然数の逆数和が∞になり、他方で、2のべき乗の逆数和が有限値1となるのですが、この違いはどこから来るのでしょう。直感的に言えば、「2のべき乗が加速的に大きくなり、自然数全体の中ではスカスカな存在だ」、ということです。

例えば、偶数の逆数和は∞になります。それは、次の式を見れば、明らかでしょう。

$$\frac{1}{2}+\frac{1}{4}+\frac{1}{6}+\cdots+\frac{1}{2k}=\frac{1}{2}\left(\frac{1}{1}+\frac{1}{2}+\frac{1}{3}+\cdots+\frac{1}{k}\right)$$

さっきの議論から、右辺のカッコ内はいくらでも大きくなるから、左辺もいくらでも大きくなります。このように、一般に自然数の中に一定間隔で出てくる数（等差数列）の逆数和は無限大になります。直感的に言えば、自然数の中で一定割合を占める数の逆数和は∞ということです。他方、「特定の自然数

$k\,(>1)$ のべき乗」のように加速的に大きくなる数に関しては、「大きくなるほど存在がスカスカ」になり、そのため逆数和は有限値となるのです。

ちなみに、70ページで解説した自然対数の底eは、無限和で定義できます(e=2.718…は無理数)。1からnまでの自然数の積$n!$は、

$$1!=1,\ 2!=2,\ 3!=6,\ 4!=24,\ 5!=120,\ \cdots$$

という具合に、加速的に大きくなります。そのため、その逆数和は有限値となり、それがeなのです。すなわち、

$$1+\frac{1}{1!}+\frac{1}{2!}+\frac{1}{3!}+\cdots+\frac{1}{n!}+\cdots=e$$

(207ページ参照)。さて、このように考えると、オイラーの定理「素数の逆数和は∞」は、「素数の存在は、自然数の中で、それほどスカスカではない」、「素数の数列は、2のべき乗のように加速的に大きくなるものではない」、ということを教えてくれます。これは明らかに、単に「素数が無限個ある」という知識を超えた帰結だと言えます。オイラーがいかに天才だったかわかります。

エルデシュ分解

それでは、満を持して、

〈オイラーの素数定理〉

素数の逆数和は ∞

を証明することとしましょう。オイラーは、「ゼータ関数」というものを用いて証明した(304～308ページ参照)のですが、ここではそれとは異なる初等的な証明を紹介します。ハンガリー出身の20世紀の数学者エルデシュが発見した証明です([11])。エルデシュは、非常にたくさんの定理を証明し、また、たくさんの数学者と共同研究をしたことでも有名です。あまりにたくさんの数学者と共著論文を書いているので、「エルデシュ数」という面白い「数学者の番号付け」が提唱されています。すなわち、エルデシュの共著者のエルデシュ数は1、「エルデシュ数が1の数学者」の共著者のエルデシュ数は2、…という具合に定義されます。エルデシュ数は、「エルデシュ先生との近さ」を表しています。

「オイラーの素数定理」の証明には、次の「エルデシュ分解」という面白いテクニックを使います。

〈エルデシュ分解〉

すべての正の整数nは、次の形に分解できる。分解の方法は唯一である。

$$n=(\text{平方数})\times(\text{異なる素数の積})$$

ただし、nが平方数の場合は特別に、前者をn、後者を1とする（つまり、0個の素数の積を1と定義する）。

このような分解ができる理由は簡単です。いったん素因数分解して、2個以上ある素数を2個ひとまとまりに先頭に出して行くことを繰り返します。そうすると、後ろには素数1個ずつだけが残ります。例えば、90を素因数分解すると、

$$90=2\times3\times3\times5$$

なので、2個ある3を先頭に出して、

$$90=3^2\times(2\times5)$$

平方数　異なる素数の積

とできます。また、例えば、216の素因数分解は、

$$216=2\times2\times2\times3\times3\times3$$

なので、2を2個と3を2個を先頭に出して、

$$216=(2^2\times3^2)\times(2\times3)=6^2\times(2\times3)$$

平方数　異なる素数の積

他のパターンとしては、

$$105=3\times5\times7=1^2\times(3\times5\times7)$$

また、例外的パターンとしては、

$$625=5\times5\times5\times5=5^2\times5^2\times1=25^2\times(1)$$

があります。

「オイラーの素数定理」を証明しよう

さて、この準備のもとで、「オイラーの素数定理」を証明することとしましょう。エルデシュの証明では、背理法を使います。すなわち、「素数の逆数和が∞でない、と仮定して矛盾を導く」方針です。言い換えると、「素数の逆数和がケース1になる、と仮定して矛盾を導く」ということです。

そこで、素数の逆数和が有限値αである、と仮定しましょう。すなわち、

$$\frac{1}{2}+\frac{1}{3}+\frac{1}{5}+\frac{1}{7}+\cdots=\alpha$$

ということです。t番目の素数をp_tと記せば、

$$p_1(=2),\ p_2(=3),\ p_3(=5),\ \cdots,\ p_t,\ \cdots$$

が素数の列だから、上の無限和は、

$$\frac{1}{p_1}+\frac{1}{p_2}+\frac{1}{p_3}+\cdots+\frac{1}{p_t}+\cdots=\alpha$$

と書けます。

ここで、**ケース1**（139ページ）の定義から、部分和、

$$S_n = \frac{1}{p_1} + \frac{1}{p_2} + \frac{1}{p_3} + \cdots + \frac{1}{p_n}$$

に関して、$\alpha - S_n$が、nを大きくしていくにしたがって、いくらでも0に近づくということがわかります。したがって、特に、番号nを、

$$\alpha - S_n < \frac{1}{2}$$

であるように選ぶことができます。このような最小のnをn^*と記すことにしましょう。n^*はいくつかはわからないけれど一定の数、ということがポイントになります。αは全素数の逆数の和、S_{n^*}はn^*番目までの素数の逆数和ですから、$\alpha - S_{n^*}$は、n^*+1番目以降の素数の逆数和です。したがって、この不等式は、n^*+1番目以降の素数の逆数和が$\frac{1}{2}$より小さいことを意味しています。

$$\frac{1}{p_{n^*+1}} + \frac{1}{p_{n^*+2}} + \cdots + \frac{1}{p_t} + \cdots < \frac{1}{2} \quad \cdots ①$$

次に、任意の自然数Nを取ります。Nが「任意」であることが証明の決定的なポイントになります。N以下の自然数は必ず次の二つのどちらかに分類されます。

(ケースⅰ) p_{n^*}より大きな素因数($p_{n^*+1}, p_{n^*+2}, \cdots$)を持つ。

このようなN以下の自然数の個数をN_1個とする。

（ケースii）$p_1\ p_2,\ \cdots,\ p_{n^*}$のみを素因数に持つ。

このようなN以下の自然数の個数をN_2個とする。

当然、$N_1+N_2=N$です。

以下、N_1とN_2がどのくらいの大きさかを不等式で評価して行きます。まずN_1です。

N以下の自然数において、

$$[p_{n^*+1}\text{を素因数に持つ個数}] \leqq N \div p_{n^*+1}$$
$$[p_{n^*+2}\text{を素因数に持つ個数}] \leqq N \div p_{n^*+2}$$
$$[p_{n^*+3}\text{を素因数に持つ個数}] \leqq N \div p_{n^*+3}$$

等々がわかります。したがって、

$$N_1=[p_{n^*}\text{より大きな素因数を持つものの個数}]$$
$$\leqq \frac{N}{p_{n^*+1}}+\frac{N}{p_{n^*+2}}+\frac{N}{p_{n^*+3}}+\cdots$$
$$=\left(\frac{1}{p_{n^*+1}}+\frac{1}{p_{n^*+2}}+\frac{1}{p_{n^*+3}}+\cdots\right)\times N$$

（2つ以上の素数の公倍数が重複しても、第2項が大きくなることは変わりません）。これと①式から、

$$N_1 \leqq \frac{N}{2}$$

が得られます。次にN_2を評価してみましょう。

N以下の自然数でp_1 p_2,・・・, p_{n^*}のみを素因数に持つものがどのくらいかを考えるため、そういう自然数aのエルデシュ分解を考えてみます。エルデシュ分解とは、先ほど解説したように、

$$a=b^2\times(\text{異なる素数の積})$$

という形で表すことでした。

ここでaはN以下の自然数であることから、

$$b\leqq\sqrt{N}$$

は明らかです。また、aが、p_1 p_2, … , p_{n^*}のみを素因数に持つことから、

$$(\text{異なる素数の積})=(p_1\ p_2,\cdots,p_{n^*}\text{の中のいくつかの積})$$

となります。ここで、(異なる素数の積)の部分は、多くとも2^{n^*}通りしかありません。なぜなら、117ページのような枝分かれを考えると素数p_1を使うか使わないかで2通り、素数 p_2を使うか使わないかで2通り、・・・、p_{n^*}を使うか使わないかで2通りあり、と枝分かれします。N以下の自然数では、これらが全部現れるとは限らないので、多くとも$2\times2\times\cdots\times2=2^{n^*}$通りなのです。したがって、以下の不等式が得られます。

$$N_2\leqq\sqrt{N}\times2^{n^*}$$

$N_1+N_2=N$でしたから、これに得られた不等式を用いると、

$$N=N_1+N_2\leqq\frac{N}{2}+\sqrt{N}\times2^{n^*}$$

が得られます。最初と最後から$\frac{N}{2}$を引き算すれば、

$$\frac{N}{2} \leqq \sqrt{N} \times 2^{n^*}$$

両辺を$\sqrt{N}$で割り算して2を掛ければ、

$$\sqrt{N} \leqq 2^{n^*+1}$$

最後に両辺を2乗すれば、

$$N \leqq 2^{2(n^*+1)}$$

となります。しかし、この式は矛盾を引き起こしています。なぜなら、n^*が固定された数、Nが任意の自然数だったことを思い出してください。この不等式は、「任意の自然数が一つの自然数より小さい」ということを意味してしまいます。これは完全におかしいことです。なぜこんな矛盾が引き起こされたか、と言えば、最初に「素数の逆数和が有限値αである」と仮定したからです。したがって、この仮定が誤りであるとわかり、「素数の逆数和は∞」と証明されることになります。エルデシュの天才ぶりがうかがい知れます。

オイラーは、素数の逆数和を「$\log\log\infty$」と記述したそうです（$\log(\log\infty)$という意味）。ここで対数（log）は70ページで解説した自然対数です（対数の底は、先ほどのe）。現代の数学の記法で表せば、

$x \to \infty$において、（x以下の素数の逆数和）$\sim \log(\log x)$

ということです（～は、近くなる、の意味）。オイラーは1737年にこの事実に気づき、ガウスも1791年に指摘しましたが、

厳密に証明できたのは、1874年のメルテンスが最初です([11])。

このように、「素数の逆数和は∞」ということがわかったわけですが、数学者・黒川信重さんによれば、現在知られている素数すべての逆数和は「4」程度とのことです。いかに、見つかっている素数が少ないかがわかります([12])。

双子素数の逆数和

さて、もしも仮に素数が有限個しかなければ、素数の逆数和は明らかに有限です。したがって、素数の逆数和が無限であるという「オイラーの素数定理」は当然、素数が無限個あることを暗に含んでいます。つまり、「オイラーの素数定理」は素数が無限個あることの別証明になっています。しかし、前のほうで述べたように、素数が無限個あるという事実だけからは、素数の逆数和が無限であることは直接には導かれません。つまり、「オイラーの素数定理」は、「素数が無限個ある」よりもある意味で強い定理なのです。

さて、この手法を利用すれば、「双子素数は無限個ある」ことまでも証明できるでしょうか。

双子素数というのは、3と5、5と7、11と13、17と19のように差が2である素数のペアのこと(18ページ参照)。したがって、それらの逆数和である、

（$p+2$が素数であるような素数pの逆数和）＝

$$\frac{1}{3}+\frac{1}{5}+\frac{1}{11}+\frac{1}{17}+\cdots$$

が∞となれば、当然、「双子素数は無限組ある」ということがわかります。

これはとても有望なアプローチですが、残念ながら、うまく行きませんでした。ブルンという数学者が、「双子素数の逆数和は有限」ということを証明してしまったからです（[13]、[14]）。したがって、オイラーの方法を双子素数に応用することはできません。

とは言っても、先ほど述べたように、このことは、決して「双子素数が有限組」ということを意味しません。無限組あっても逆数和が有限ということは十分考えられるからです。このことが教えてくれるのは、「双子素数はたとえ無限組あったとしても、自然数の中でスカスカである」ということです。数学者の多くは、「双子素数は無限個あるだろう」と信じているようです（19ページ参照）。

エルデシュ分解のパワー

「オイラーの素数定理」の証明で大活躍をしたエルデシュ分解は、他にも威力を発揮します。

例えば、次の定理を証明することができるのです。

〈エルデシュの素数評価式〉

x以下の素数の個数$\pi(x)$について、次の不等式が成立する。

$$\log_4 x \leqq \pi(x)$$

これは素数の個数を下から評価する式で、初等的に証明できる評価の中では非常に優れています。もちろん、この式から素数が無限個であることも導かれます。$\log_4 x$がいくらでも大きくなるからです。

$2 \leqq x \leqq 4$のとき、$\log_4 x \leqq 1$で、評価式は明らかに成り立つので、$4 < x$なるxを一つ固定します。x以下の最大の整数（xの整数部分）をnとします。さらに、x以下の素数の個数$\pi(x)$をtとし、x以下の全素数を

$$p_1(=2),\ p_2(=3),\ p_3(=5),\ \cdots,\ p_t \quad \cdots②$$

と記すことにします。今、エルデシュ分解（平方数）×（異なる素数の積）において、

$$\begin{cases} (\text{平方数}) \leqq x \\ (\text{異なる素数の積})\text{に現れるのは②の素数} \end{cases}$$

の2条件を満たす整数の集合を$A(x)$と記すことにします。

$A(x)$がどんな集合なのかのイメージを得るために、$x=6$として$A(6)$を具体的に求めてみます。

$$\begin{cases}(\text{平方数})\leqq 6\text{なる平方数は}1^2\text{または}2^2\\(\text{異なる素数の積})\text{に現れるのは、}2, 3, 5\end{cases}$$

となっています。したがって、$A(6)$に属する数は小さい順に以下の16通りとなります。

$1^2\times1=1,\ 1^2\times2=2,\ 1^2\times3=3,\ 2^2\times1=4$

$1^2\times5=5,\ 1^2\times(2\times3)=6,\ 2^2\times2=8,\ 1^2\times(2\times5)=10$

$2^2\times3=12,\ 1^2\times(3\times5)=15,\ 2^2\times5=20,\ 2^2\times(2\times3)=24$

$1^2\times(2\times3\times5)=30,\ 2^2\times(2\times5)=40,\ 2^2\times(3\times5)=60,$

$2^2\times(2\times3\times5)=120$

この具体例から発見すべきことが二つあります。第一は、$6\,(=x)$以下の正整数がすべて含まれる、ということ。第二は、16個における16は、2×2^3と計算されることです。

第一の点の理由は簡単です。6以下の整数を(平方数)×(異なる素数の積)と表したとき、

$$\begin{cases}(\text{平方数})\leqq 6\\(\text{異なる素数の積})\text{に現れる素数は}2, 3, 5\end{cases}$$

はどちらも明らかに成り立つから、当然、6以下の正整数は全部含まれます。

第二の点は、次のように考えればわかります。

（平方数）×（異なる素数の積）という数を作るとき、（平方数）が1^2か2^2かの2通りに枝分かれし、（異なる素数の積）は2^3に枝分かれし、全部で$2\times2\times2\times2=2\times2^3$通りと計算されるからです。

以上を一般的に考えると、次のことが成り立ちます。

xの整数部分がn、$\pi(x)=t$のとき、

＊集合$A(x)$は、n以下の正整数をすべて含む

＊集合$A(x)$の要素は、$\sqrt{x}\times2^t$個以下である

以上の二点をまとめると、

$$x\leqq(A(x)\text{の要素の個数})\leqq\sqrt{x}\times2^t$$

という評価を得ます。最初と最後を取り出して、

$$x\leqq\sqrt{x}\times2^t$$

両辺を$\sqrt{x}$で割ると、

$$\sqrt{x}\leqq2^t$$

両辺を2乗して、

$$x\leqq4^t$$

これは、

$$\log_4 x\leqq t=\pi(x)$$

を意味しています。すなわち、エルデシュの評価式が証明されました。

虚数と素数

七段編

不思議な数・虚数

虚数は高校で初めて習う数ですが、多くの人は非常に奇妙な数という印象を持ちます。それは、ある意味で「この世にない」数であり、言ってみれば「お化けのような」数だからです。

しかし、この虚数は、数学にとっては欠かせないアイテムであり、現代数学を下支えしている数なのです。また、「この世にない」「お化けのような」と言いましたが、20世紀になって実は物理学において、物理現象を記述する必要不可欠な数であることが発見され、その意味において「実在的な数」だとわかりました。

そんな虚数は、素数とも密接な関係を持っています。この編では、虚数と素数との関係について解説しましょう。

フェルマーの2平方定理

フェルマー（59、89ページ参照）は、素数と平方数とのみごとな関係を発見しました。それが「2平方定理」です。ここで平方数とは、整数を2乗した数のことで、1、4、9、16、25、・・・と進んでいきます。「2平方定理」とは、次のような定理です。

〈2平方定理〉

4で割ると1余る素数は、2個の平方数の和として一意的に表せる。4で割ると3余る素数は2個の平方数の和では表せない。

2以外の素数はすべて奇数で、それらは4で割ると1余る数と3余る数に分類できます。これらの分類を、「平方数の和」で特徴づけることができることを示しているわけです。4で割ると1余る素数に対して確かめてみましょう。

(4で割ると1余る素数)

$5=1+4=1^2+2^2,\ 13=4+9=2^2+3^2,\ 17=1+16=1^2+4^2,$
$29=4+25=2^2+5^2,\ 37=1+36=1^2+6^2,\ \cdots$

確かにみな、二個の平方数の和となっています。他方、4で割って3余る素数、例えば19は、このように表せません。19以下の平方数は1と4と9と16ですが、どの二つも足して19にならないからです。

素数と平方数の関係では、この2平方定理が最も有名ですが、フェルマーは他にも類似の定理を発見しています。

〈2平方定理・8で割った余りバージョン〉

8で割って1余る素数と3余る素数は、平方数と平方数の2倍の和で表すことができ、8で割って5余る素数と7余る素数は、このように表すことができない。

などがその一つです。実際、下のように成り立っていることが見て取れます。

(8で割ると1余る素数、3余る素数)

$3=1^2+2\cdot 2^2,\ 11=3^2+2\cdot 1^2,\ 17=3^2+2\cdot 2^2,\ 19=1^2+2\cdot 3^2,\ \cdots$

空想の楽園〜複素数

2平方定理に、新たな見方を示したのが、18世紀から19世紀に活躍したガウスでした。ガウスは、虚数を使って、この定理の本質を明らかにしたのです。まず、虚数について、簡単にまとめましょう。

無理数を発見したのは、紀元前の数学者・ピタゴラス(10、26ページ)でした。ピタゴラスは、宗教家で、その教義では「宇宙は有理数でできている」とされていました。つまり、「宇宙に存在する数はすべて整数比で表せる」という信条を述べていたのです。にもかかわらず、ピタゴラス自身は整数比で表せない数を発見してしまいました。それは、例えば、2

の平方根$\sqrt{2}$です。「証明」が得意だったピタゴラスは、$\sqrt{2}$が整数比で表せないことを証明してしまったものと思われます。しかし、彼は自分の教義を守るためにそれを秘匿していました。

ピタゴラスのちょっと後の数学者・ユークリッド（10、26ページ）は、線分の長さの比例関係を基礎にして、数というものを考えました。この場合、有理数も無理数も含みます。ユークリッドは、数を線分の比例と同一視したわけです。つまり、数とは1次元のものと考えていたことになります。

「数とは直線的なもの」という考えに変革がもたらされたのが、「虚数」という新種の数の発見です。虚数というのは、負の数の平方根のことで、例えば、−1の平方根、−2の平方根等々です。これらはそれぞれ、2乗すると−1、−2になる数（2つあるうちの一方）のことで、形式的に$\sqrt{-1}$、$\sqrt{-2}$などと記します。

虚数が発見されたのは、16世紀イタリアです。この頃のイタリアでは、数学者たちは3次方程式の一般解を求めることに挑戦していました。デル・ファッロ、フォンタナ、カルダノといった数学者たちが、「3次方程式の解の公式」を発見したのです。このとき、その式表現にどうしても虚数が現れる、という奇妙な現象に直面しました。3つの解がすべて実数であっても、そこに虚数が現れ、しかもそれを消去することができないのです。後になってわかることですが、3次方程式の解から虚数を消すことは原理的に不可能でした（拙書［15］参照）。

その後、虚数を一般化した「複素数」が盛んに研究され、虚数は次第に市民権を得ていきました。20世紀になって、物理学で量子力学が確立されたとき、ミクロの物質の記述には虚数が不可欠であると判明しました。

さて、-1の平方根$\sqrt{-1}$（2つあるうちの一方）は、そのまま、$\sqrt{-1}$と記すこともありますが、普通は、i、という記号で表します（もう一方は、$-i$）。これを「虚数単位」と呼びます。iは英語「imaginary（空想上の）」の頭文字です。虚数単位iは、2個掛けると-1となります。$i \times i = -1$ということです。一般の負の数の平方根は、虚数単位iだけがあれば、すべて表現することができます。例えば、-2の平方根は$\pm\sqrt{2}\,i$で表せます。実際、$\sqrt{2}\,i$を二個掛けると、

$$(\sqrt{2}\,i)(\sqrt{2}\,i) = (\sqrt{2} \times \sqrt{2})(i \times i) = 2 \times (-1) = -2$$

と確かに-2になるからです。

2次元の数世界～複素数

ユークリッドらが直線上の数、すなわち、1次元の数として想定した数たちを「実数」と呼びます。この実数に、虚数単位iを付加して、四則計算ができるようにした世界を「複素数」（complex number）と呼びます。

複素数は、二つの実数を組にした、（実数）+（実数）$\times i$、と

いう形の数の全体です。ここでcomplexとは、「複合の」「合成の」などの意味で使われたようです。

$a+bi$（a, bは実数）という複素数の、aのことを「実部」と言います。他方、bのことを「虚部」と言います。虚部がなくて（$b=0$で）、$a+bi=a$なら、単なる実数です。新種の数であることを表すのはbiの部分で、こちらが「空想上の部分」に当たります。

複素数の加法、減法、乗法はルート数の計算と同じです。文字式の計算に、$i\times i=-1$という法則を導入するだけのものです。加減乗についての具体例を見てみましょう。

足し算と引き算は、単なる文字式の計算と同じです。すなわち、

$$(3+2i)+(1+i)=(3+1)+(2+1)i=4+3i$$

$$(3+2i)-(1+i)=(3-1)+(2-1)i=2+i$$

のようになります。掛け算には、単なる文字式の計算と異なる部分があります。「i^2を-1に置き換える」という操作があることです。すなわち、

$$(3+2i)\times(1+i)$$

$$=3\times1+3\times i+2i\times1+2i\times i$$

$$=3+3i+2i+2i^2$$

$$=3+3i+2i-2$$

$$=1+5i$$

のようになります。

除法については、複素共役というものを使います。複素数

$\alpha=a+bi$に対して、虚部の符号を反転させた$a-bi$のことを、「複素共役」とか単に「共役数」と呼び、$\overline{\alpha}$と記します。例えば、$1+i$の共役数は$1-i$です。共役数は、「複素数とその共役数の和も積も実数になる」といううみごとな性質を備えています。例えば、

$$(1+i)+(1-i)=2$$

$$(1+i)(1-i)=1^2-i^2=1+1=2$$

となっています。一般には、$\alpha=a+bi$に対して、

$$\alpha+\overline{\alpha}=(a+bi)+(a-bi)=2a$$

$$\alpha\overline{\alpha}=(a+bi)(a-bi)=a^2+b^2$$

となります。この性質を使うと、割り算$(3+2i)\div(1+i)$は、分母・分子に$1-i$の共役数を掛け算することで、

$$\frac{3+2i}{1+i}=\frac{(3+2i)(1-i)}{(1+i)(1-i)}=\frac{5-i}{2}=\frac{5}{2}-\frac{1}{2}i$$

となります。このように、複素数は四則計算について閉じています。

複素数を幾何的に表現することは、ウェッセル、アルガン、ガウス等によってなされました。それは、平面上の点として、複素数を表現する方法です。今では通常、「ガウス平面」と呼ばれます。

図のように、$a+bi$という複素数は、平面上の座標(a, b)の点と同一視します。

横軸は、「実軸」と呼ばれます。この軸上の点たちが、私た

ちに馴染みがある実数全体です。つまり、実数は複素数の一部分に直線として埋め込まれているわけです。他方、縦軸は「虚軸」と呼ばれ、2乗するとマイナスになる数が並んでいます。そして、平面全体に複素数の全体が並んでいるわけです。

図7-1

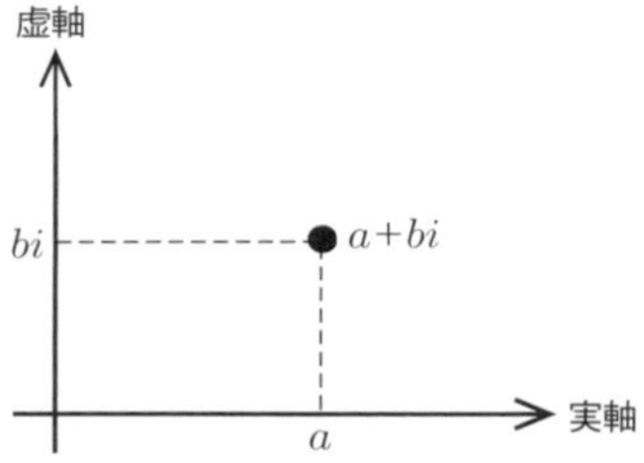

ガウス整数

複素数についてのガウスのもう一つの重要な研究は、複素数の中に新たに「整数」を定義したことです。ガウスは、(整数)+(整数)iという形の数を複素数の中での整数と定義しました。この形の数を「ガウス整数」と呼びます。もちろん、虚部のほうの整数を0とすれば単なる整数となりますから、ガウス整数は整数全体を含んでいます。実数を広げたものが複素数であるように、整数を広げたものがガウス整数なのです。

ガウス整数でも、約数・倍数は整数と同じように定義されます。すなわち、ガウス整数αとβに対して、$\beta=\alpha\gamma$となるガウス整数γが存在する場合、「βはαの倍数」、「αはβの約数」と定義されます。例えば、先ほど計算したように、

$$(3+2i)\times(1+i)=1+5i$$

となっていますから、$1+5i$ は $3+2i$ の倍数、$3+2i$ は $1+5i$ の約数ということになります。

約数・倍数が定義できると、整数における素数と同じように、「ガウス素数」というものを定義できるようになります。ただし、整数における素数は「1と自分自身以外には約数を持たない」と定義されたのですが、それをちょっと変える必要が出てきます。1はすべての整数の約数なのですが、ガウス整数では「すべてのガウス整数の約数になる」ものは4個あります。± 1、$\pm i$、の4個です。実際、

$$a+bi=1\cdot(a+bi)=-1\cdot(-a-bi)=i\cdot(b-ai)=-i(-b+ai)$$

となっています。これら ± 1、$\pm i$、の4個を「単数」と呼びます。その上で、ガウス素数の定義とは、「その数を2つのガウス整数の積で表したとき、その一方は単数となること」です。

ガウス整数でも、$\alpha=a+bi$ の複素共役 $\overline{\alpha}=a-bi$ のことを、「共役数」と呼びます。例えば、$3+2i$ の共役数は $3-2i$ です。共役数について、例えば、

$$(3+2i)(3-2i)=3^2-2^2i^2=3^2+2^2=13$$

となっています。一般には、$\alpha=a+bi$ に対して、

$$\alpha\overline{\alpha}=(a+bi)(a-bi)=a^2+b^2$$

となります。平方和が出てくることから、これが「2平方定理」と深く関連することが容易に想像されます。

ガウス整数とその共役数とは、「双子」のような関係にあり

ます。なぜなら、ガウス整数の四則計算は、その共役数でも保存されるからです。例をお見せしましょう。例えば、

$$\alpha\beta=\gamma \text{ ならば } \overline{\alpha}\,\overline{\beta}=\overline{\gamma}$$

が成り立ちます。実際、

$$\alpha\beta=(a+bi)(c+di)=(ac-bd)+(ad+bc)i$$

$$\overline{\alpha}\,\overline{\beta}=(a-bi)(c-di)=(ac-bd)-(ad+bc)i$$

と積の結果も共役数になっています。このことを利用すれば、「ガウス整数の単数は4個のみ」ということが証明できます。実際、単数はすべてのガウス整数の約数なので、特に1の約数ですから、$a+bi$を単数とすれば、

$$1=(a+bi)(c+di)$$

となるガウス整数$c+di$が存在します。したがって、共役数について、

$$\overline{1}=\overline{(a+bi)(c+di)}$$

が成り立ちます。つまり（$\overline{1}=1$なので）、

$$1=(a-bi)(c-di)$$

です。これら2式を掛け合わせれば、

$$1=(a+bi)(a-bi)(c+di)(c-di)=(a^2+b^2)(c^2+d^2)$$

最後の項は2個とも正の整数ですから、$a^2+b^2=1$でなければなりません。このようなものは、

$$(a,\ b)=(1,\ 0),(-1,\ 0),(0,\ 1),(0,\ -1)$$

の4個しかありません。これらは、単数±1、$\pm i$に対応しています。

2平方定理とガウス素数

整数の世界では素数であったものが、ガウス整数の世界では素数にならなくなるものがあります。例えば13は整数の世界では素数ですが、ガウス整数の世界では素数になりません。実際、前節で計算してみせたように、

$$(3+2i)(3-2i)=3^2-2^2i^2=3^2+2^2=13$$

となっていて、13は単数でない2つのガウス整数$3+2i$と$3-2i$の積となっているからです。さらには、この式を観察していると、「13がガウス素数でない」ということと「13が二つの平方数3^2と2^2の和で表せる」ということが密接に関係していることも見てとれるでしょう。実際、次の「ガウス素数による分解定理」が成立します。

〈ガウス素数による分解定理〉

(i) 素数2は、$(1+i)(1-i)$と素因数分解される。

(ii) 素数pが4で割って1余る数なら、pはガウス素数でなく、あるガウス素数$(a+bi)$とその共役数$(a-bi)$との積になる。とりわけ、a^2+b^2と表される。

(iii) 素数pが4で割って余り3の場合、pはガウス素数となり、二つの平方数の和では表せない。

20までの奇素数で確かめてみましょう。

$2=(1+i)(1-i)$, 3：ガウス素数, $5=(1+2i)(1-2i)$

7：ガウス素数, 11：ガウス素数, $13=(2+3i)(2-3i)$

$17=(1+4)(1-4i)$, 19：ガウス素数

確かに成り立っています。

この定理の証明は、「平方剰余」についての定理が使われます。次の節で、これについての解説をしましょう。

平方剰余

以下、「ガウス素数による分解定理」の証明の概要を説明します。そのためにまず、平方剰余というアイテムを紹介しましょう。

平方剰余とは、合同式における2次方程式の解のことです。すなわち、pを2でない素数として、pと互いに素な(pの倍数でない)整数aに対して、

$$x^2 \equiv a \pmod p$$

に解xが存在するとき、「aは法pに関する平方剰余である」と言います。逆に、解xが存在しないとき、「aは法pに関する平方非剰余である」と言います。96ページで述べたように、法pに関して、すべての整数xは0から$p-1$までの整数のどれかと

合同になります。したがって、法pが与えられれば1から$p-1$までの$p-1$個の計算で平方剰余を決定することができます。

例えば、$p=5$としたときの法5に関しては、

$$1^2 \equiv 1,\ 2^2 \equiv 4,\ 3^2 \equiv 4,\ 4^2 \equiv 1 \pmod 5$$

なので、1と4は平方剰余、2と3が平方非剰余となります。$4 \equiv -1 \pmod 5$なので、1と-1が平方剰余、2と3が平方非剰余と言っても同じです。1がすべての素数pに関して平方剰余となることは説明するまでもないでしょう。

$p=7$としたときの法7に関しては、

$$1^2 \equiv 1,\ 2^2 \equiv 4,\ 3^2 \equiv 2,\ 4^2 \equiv 2,\ 5^2 \equiv 4,\ 6^2 \equiv 1 \pmod 7$$

なので、1, 2, 4が平方剰余で、3, 5, 6が平方非剰余だとわかります。特に$-1(\equiv 6)$は平方非剰余となっています。

法5と法7を観察すれば、平方剰余が「左右対称」で出てくることがわかるでしょう。実際、$x^2 \equiv a$なら、$(-x)^2 \equiv a$なので、x^2と$(p-x)^2$は同じ平方剰余を与えます。

逆に、$x^2 \equiv a$かつ$y^2 \equiv a$なら、$x^2 \equiv y^2$でなければならないので、

$$x^2-y^2 \equiv 0 \Rightarrow (x-y)(x+y) \equiv 0 \Rightarrow x-y \equiv 0 \text{ または } x+y \equiv 0$$

から、$x^2 \equiv a$に解があるとすれば、ちょうど2個となります。これは、通常の2次方程式の「普通は解が2個」という事実と対応しています。したがって、「平方剰余は$p-1$個の整数のうちのちょうど半分の個数」ということがわかります。

「ガウス素数による分解定理」には、「-1が平方剰余かどう

か」ということが本質的な働きをします。そして、次の定理が証明のカギとなるのです。

〈−1が平方剰余となる素数〉

> 奇素数pについて、pを4で割った余りが1なら-1は平方剰余、pを4で割った余りが3なら-1は平方非剰余である。

この法則の証明は、この編の最後にまわすとして、先に「ガウス素数による分解定理」の証明を片付けましょう。

ガウス素数と平方剰余

通常の整数での奇素数（2でない素数）pがガウス整数の中で、

$$p=(a_1+b_1i)(a_2+b_2i)\cdots(a_k+b_ki)$$

とガウス素数の積に分解されたとしましょう（pは整数の世界では素数だが、ガウス素数とは限らないことに注意）。右辺に現れるガウス整数は当然、単数ではありません。そのとき、両辺の共役数を考えて（共役が積を保存することを踏まえれば）、

$$p=(a_1-b_1i)(a_2-b_2i)\cdots(a_k-b_ki)$$

となります（pの共役数はp自身であることに注意）。

辺々を掛け合わせれば、

$$p^2=({a_1}^2+{b_1}^2)({a_2}^2+{b_2}^2)\cdots({a_k}^2+{b_k}^2)$$

が得られます。左辺が素数の2乗である（素数2個の積である）ことから、右辺の掛け算に現れる数（整数）は1個または2個であることがわかります。すなわち、

$$p^2=(a_1{}^2+b_1{}^2)(a_2{}^2+b_2{}^2) \text{ または } p^2=(a_1{}^2+b_1{}^2)$$

ということです。第一の、$p^2=(a_1{}^2+b_1{}^2)(a_2{}^2+b_2{}^2)$は、

$$p=(a_1+b_1i)(a_2+b_2i)$$

のときなので、pはガウス素数でないとわかります。さらには、この場合、右辺に単数が現れないので、$a_1{}^2+b_1{}^2\neq1$、$a_2{}^2+b_2{}^2\neq1$より

$$p=a_1{}^2+b_1{}^2$$

だとわかります。他方、第二の場合は、

$$p=a_1+b_1i$$

となるので、$a_1=p,\ b_1=0$でなければなりません。すなわち、pはガウス素数です。以上をまとめると、

pはガウス素数でない⇔

$$p=a_1{}^2+b_1{}^2 \text{ と表せる} \Leftrightarrow p=(a_1+b_1i)(a_1-b_1i)$$

ということが判明します。つまり、素数がガウス素数でないことと平方和で表せることが同値になるわけです。

ここから、平方剰余を使います。

第一の場合は、$p=a_1{}^2+b_1{}^2$から、

$$a_1{}^2+b_1{}^2\equiv0 \pmod p$$

となります。$p=a_1{}^2+b_1{}^2$から$b_1<p$です。したがって$b_1\equiv 0$だと$b_1=0$となってpは素数であることに矛盾するので、$b_1\not\equiv 0$です。そうすると、法pにおけるb_1の逆数c（$b_1c\equiv 1 \pmod{p}$なるc）が存在します（101ページ）。c^2を両辺に掛けると、

$$(a_1c)^2+(b_1c)^2\equiv 0 \pmod{p}$$

となり、

$$(a_1c)^2+1\equiv 0 \pmod{p}$$

したがって、

$$(a_1c)^2\equiv -1 \pmod{p}$$

これから、-1が平方剰余であることがわかりました。前節の「-1が平方剰余となる素数」の定理から、pは4で割ると1余る素数であることが決定されます。

逆に、pが4で割ると1余る素数であるとしましょう。このとき、「-1が平方剰余となる素数」の定理から、法pにおいて、-1が平方剰余となります。したがって、

$$d^2\equiv -1 \pmod{p}$$

となる整数dが存在します。このとき、d^2+1はpの倍数です。

$$d^2+1=(d+i)(d-i)$$

であるから、pは$(d+i)(d-i)$を割り切ります。一方、ガウス整数でのpの倍数は明らかに、(pの倍数)+(pの倍数)iという形の数ですから、$d+i$も$d-i$もpの倍数ではありません。

ここで、ガウス素数も通常の素数と同じく次の性質を備えて

いることに注目します。

「ガウス素数αが$\beta\gamma$を割り切るなら、αはβまたはγの少なくとも一方を割り切る」

この性質は、あたりまえのように見えてあたりまえではなく、しかも証明は退屈なわりにまわりくどいので省略して先を急ぎましょう（[16]）。

今、pは$(d+i)(d-i)$を割り切るのに、$d+i$も$d-i$も割り切りません。したがって、pはガウス素数ではないことがわかりました。以上をまとめると、

pはガウス素数でない ⇔

$p=a_1^{\,2}+b_1^{\,2}$と表せる ⇔ pは4で割って1余る数

ということになります。これで、フェルマーの発見を、素数pがガウス素数となるかどうかに置き換えられ、それが4で割った余りで分類されることと同じだとわかりました。つまり、2平方定理が完全に解決されることとなりました。

−1が平方剰余となる素数

最後に、-1が平方剰余となる素数がどうして4で割った余りで分類されるのかを解明します。一般の平方剰余については、「平方剰余相互の法則」というガウスの発見した偉大な法

則で分類が可能になるのですが、-1が平方剰余かどうかは合同式の簡単な分析でわかります。以下、それを説明しましょう。

105ページにおいて、合同式の逆数について説明しました。すなわち、aに対して、

$$ax \equiv 1 \pmod p$$

を満たすxのことでした。今度は、

$$ax \equiv -1 \pmod p$$

となるxについて考えます。$a \equiv 0$以外については、このようなxは必ず存在します(101ページ)。例えば、$p=5$については、以下のようになります。

$$1 \cdot 4 \equiv -1,\ 2 \cdot 2 \equiv -1,\ 3 \cdot 3 \equiv -1 \pmod 5$$

つまり、1と4がペアをなし、2は自分自身と、3も自分自身とペアを成します。2がペアとなることおよび3がペアとなることが、「-1が平方剰余」であることを示しています。

他方、$p=7$については、以下のようになります。

$$1 \cdot 6 \equiv -1,\ 2 \cdot 3 \equiv -1,\ 4 \cdot 5 \equiv -1 \pmod 7$$

つまり、1と6、2と3、4と5がペアになります。自分自身とペアになるものがないことが、「-1が平方非剰余」であることを示しています。

以上から、次のことがわかります。

「-1が平方剰余なら、1から$p-1$までの整数のうち、自分自身とペアになるものが2組存在する。-1が平方非剰余なら、1

から$p-1$までの整数のうち、自分自身とペアになるものが存在せず、異なる数がペアになる」

このことから、-1が平方非剰余の場合、$(p-1)/2$個のペアを作っていくことで

$$1\times 2\times 3\times\cdots\times(p-1)\equiv\underbrace{(-1)(-1)\cdots(-1)}_{\frac{(p-1)}{2}\text{個}}\pmod p$$

となります。一方、ウィルソンの定理から左辺は-1と合同なので、

$$-1\equiv(-1)^{\frac{p-1}{2}}\pmod p$$

となります。右辺は1か-1なので、$(p-1)/2$が奇数でなければならず、pが4で割って3余る数であることが特定されます。他方、-1が平方剰余の場合、自分自身とペアになるものが2組あり、そのひとつがxならもうひとつは$-x$であるので、

$$1\times 2\times 3\times\cdots\times(p-1)\equiv x(-x)\underbrace{(-1)(-1)\cdots(-1)}_{\frac{(p-3)}{2}\text{個}}\pmod p$$

ここで、$x(-x)\equiv -x^2\equiv 1$だから、

$$-1\equiv(-1)^{\frac{p-3}{2}}\pmod p$$

したがって、$(p-3)/2$が奇数でなければならず、pが4で割っ

て1余る数だと特定されます。以上によって、「-1が平方剰余となる素数」が完全に分類されました。

2次体の整数論が花開く

ガウスによるガウス整数の研究から、(有理数)+(有理数)$\sqrt{m}$、という形の数世界の研究が盛んになりました。このような数世界を「2次体」と呼びます。ガウス整数は$m=-1$の場合にあたります。

2次体の研究の中で、驚くべきことが判明しました。それは、2次体においては、「素因数分解の一意性」が成り立たないことがある、ということです。

例えば、$m=10$の2次体や、$m=-5$の2次体では、「素因数分解の一意性」が成り立ちません。後者で説明してみます。

(有理数)+(有理数)$\sqrt{-5}$の数世界において、6を素因数分解しようとすると、

$$6=2\times 3=(1+\sqrt{-5})(1-\sqrt{-5})$$

と2通りに積表現できるのですが、2も3もこれ以上(単数を使わずには)分解できず、$1+\sqrt{-5}$も$1-\sqrt{-5}$も同様にこれ以上分解できません。つまり、これらは「既約」な数になっているのですが、既約な数の積に2通りで表されてしまうわけです。

2次体はこのようにいろいろ不思議な性質を備えています。

52ページで説明した「n^2+n+pのタイプの数列ではオイラーの式より多くの素数を連続して生み出す式が存在しない」というのは、$m=-163$の2次体の「素因数分解の一意性」の分析でわかるのです([6])。

素数と微分積分

八段編

微分積分は数学最強のツール

この編では、微積分とランダウ記号のスピード解説をします。微積分は17世紀頃に開発された数学の技術で、その後、多くの科学に利用されるようになりました。微積分発祥のもととなった物理学では言うまでもなく、化学、生物学、工学、統計学、そして文系分野である経済学や心理学などでも重要なツールとなっています。

微積分とは、ざっくり言えば、「無限小を操作する技術」です。微分は「無限小の変化を記述する」ことを可能にし、積分は「無限小の変化を集計する」操作を可能にします。このことによって、三つの大きな応用の道を開きました。

第一は、関数の最大値や最小値を簡単に計算できることです。あとで解説するように、最大点や最小点では、関数の無限小変化はゼロとなります。微分によって無限小変化がゼロとなる点を容易に見つけることができます。

第二は、関数を無限小変化のあり方から分析することです。これは微分方程式と呼ばれる技術です。自然界の現象は、時間経過にともなって変化する、いわゆる動学です。動学は、一般には無限小変化が連続的につらなったものとして理解されます。微分方程式は無限小変化の記述によって動学を表現することができます。

第三は、積分によって、空間的対象の備える内在量を集計することです。このような「無限小変化を集計する」操作によって、関数の備える空間的・大域的性質を発見できます。

微積分の解説の中で特にランダウ記号を説明します。ランダウ記号は関数を使って素数を分析するのに不可欠なツールです。

微積分は素数とも相性がいい

微積分の持つこのような性質は、意外なことに素数にも応用が可能なのです。

素数は整数の集合の中にポツポツと離散的に現れる数ですから、連続量操作に使う微積分とは一見無縁のように思えます。しかし、事実は全く逆で、微積分は素数を分析する最強のツールの一つと言っても過言ではないのです。

その理由は、素数を分析するのに、多くの場合、特殊な関数を利用することです。例えば、次の九段編で解説しますが、「任意の自然数nに対して、nより大きく$2n$以下の素数が必ず存在する」というベルトラン予想の証明には、チェビシェフ関数という関数が使われます。これは対数関数で記述される関数です。そして、この関数の大きさをおおざっぱに見積もるのに対数関数の積分とランダウ記号が利用されます。

さらに、本書の最後を飾る名人編では、素数の個数を厳密に表す明示公式を紹介しますが、それには複素関数(複素数から複素数への関数)の積分を用います。そこでかなめとなるのは、「ある種の複素関数を複素平面の閉曲線上で積分すると必ずゼロになる」という「コーシーの積分定理」というものなのです。

「素数の理論は、あらゆる数学を用いる応用数学分野に属する」と言われますが、微積分の利用がまさにその言葉を証明していると言っていいでしょう。

これから、微積分を解説していきますが、その方法は通常の教科書とはかなり違うということを事前にお断りしておきます。本書での解説の方法は、直感的であり、ともすると論理的に危ない橋を渡っています。そうするのは、本書での微積分の目的が、微積分を瑕疵なく理解することではなく、素数の性質に関連する部分まで最短の時間と努力で到達するためだからです。

関数を局所的に見る

微分を理解するために、3次関数、

$$y=f(x)=x^3-3x$$

について考えてみましょう。例えば、この関数のグラフは$x=2$の付近でどんなふうになっているか知りたいとします。もちろん、0.1刻みでxを変化させてyの値を計算し、打点してグラフ描けば、おおよその形はわかります。具体的には、図8-1です。

図8-1

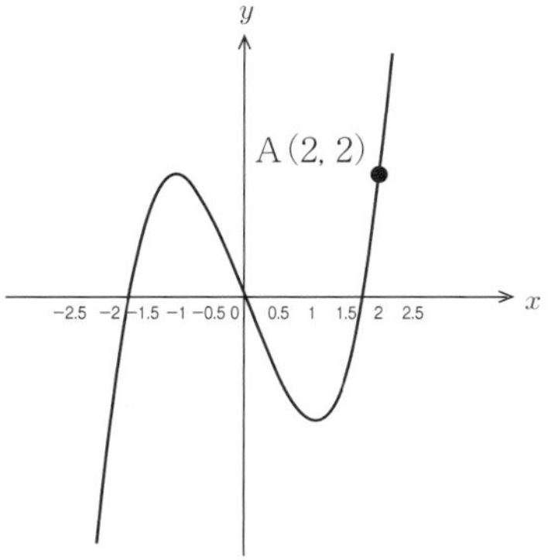

今では、このようなグラフを描くことはコンピューターが自動でやってくれますから便利な時代になりました。しかし、このようにしても、単にグラフの形(定性的なこと)がわかるだけで、数値的なこと(定量的なこと)はわかりません。それでは応用力がありません。そこで、17世紀の数学者たちは、「無限小解析」と呼ばれる、次のような方法論を開発しました。

まず、$x=2$のときのyの値を計算します。それは、

$$y=f(2)=2^3-3\times 2=2$$

です。したがって、グラフは点A(2, 2)を通ることがわかります。しかし、これは単なる1点なので、関数の本領である「値の動き」を捉えてはいません。そこで点A近辺での「値の動き」を知るために、点Aが起点となるように関数を書き換えることにします。「点Aを起点にする」ということは、「点Aで0になるような変数tをxの代わりに使う」ということです。それ

には明らかに、$t=x-2$を使えばよいでしょう。実際、$x=2$なら$t=0$となります。この変数tを用いて、関数$f(x)$を書き換えます。それには、$t=x-2$を、$x=t+2$と変形して、$f(x)$のxを置き換えればよいです。

$$f(x)=(t+2)^3-3(t+2)$$

3乗の展開には、五段編で解説した2項定理の、

$$(x+y)^3=x^3+3x^2y+3xy^2+y^3$$

の公式を使えばよいです。

$$f(x)=t^3+6t^2+9t+2$$

となります。ここで、tを$x-2$に戻せば、

$$f(x)=(x-2)^3+6(x-2)^2+9(x-2)+2$$

となります。あとの説明の都合上、次数の小さい順に並べ直します。

$$f(x)=x^3-3x=2+9(x-2)+6(x-2)^2+(x-2)^3 \qquad \cdots\cdots①$$

さて、この式から何を知ることができるでしょうか。

まず、$(x-2)$が0に非常に近いとき(xが2に非常に近いとき)、それぞれの項がどのような大きさかを見てみましょう。

$(x-2)=0.1$ならば、$(x-2)^2=0.01$, $(x-2)^3=0.001$

$(x-2)=0.01$ならば、$(x-2)^2=0.00001$, $(x-2)^3=0.0000001$

……②

これからわかることは、

「$(x-2)$が0に非常に近いとき、$(x-2)^2$はもっと0に近く、
$(x-2)^3$はもっともっと0に近い」

ということです。したがって、$(x-2)$が0に非常に近いとき（xが2に非常に近いとき）の関数$f(x)$のふるまいを見たいなら、$(x-2)$に比べて塵ほどでしかない、$(x-2)^2$と$(x-2)^3$は無視してしまってもかまわないでしょう。すなわち、

$$f(x)\approx 2+9(x-2) \quad (x\approx 2)$$

となります。ここで記号「≈」は、128ページでも紹介したように、「近似できる」「ほとんど等しい」という意味です。つまり、

「3次関数$f(x)=x^3-3x$はxが2に非常に近いところでは1次関数$y=2+9(x-2)$とほとんど一致している」

と見なせるのです。実際、$x=2.01$では、

$$f(2.01)=2.090601,\ y=2+9(2.01-2)=2.09$$

となっていて、確かに誤差はわずかです。

近似1次関数から何か新たにわかることはあるでしょうか。実は、「xが2に非常に近いところでの関数の増減」がわかるのです。xが2に非常に近いところでは、1次関数$y=2+9(x-2)$とほとんど一致しています。そして、この1次関数の傾き（xの係数）が9ですから、この1次関数は「増加状態」にあります。したがって、3次関数$f(x)=x^3-3x$も「増加状態」にある、とわかります。

この判断に、$(x-2)^2$と$(x-2)^3$を無視したことが影響するでしょうか。xが2より小なら$(x-2)^3$はマイナスだから、削除するのは心配になります。しかし、心配はいらないのです。なぜなら、xを2に近づければ近づけるほど、$(x-2)^2$と$(x-2)^3$は$(x-2)$に比べて塵程度になるので、関数値へ与える影響も塵程度です。増加を止めるほどの影響力はありません。言い換えると、「増減状態は$9(x-2)$の項に支配されている」のです。

微分係数は接線の傾き

この近似1次関数$y=2+9(x-2)$は、$y=f(x)=x^3-3x$のグラフとどういう関係にあるでしょうか。図8-2を見てください。

図8-2

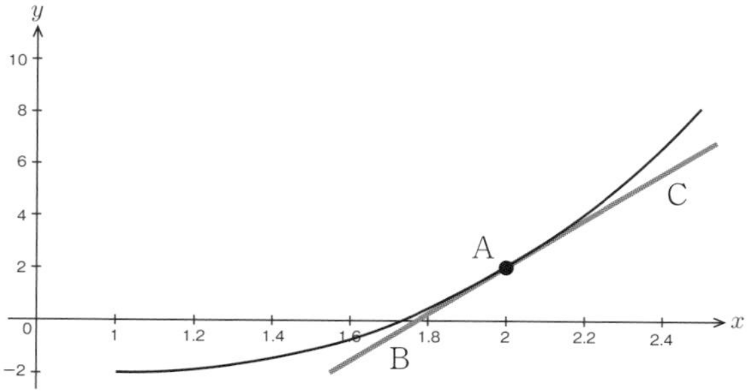

1次関数$y=2+9(x-2)$は、図の直線BCです。この直線BCは3次関数$y=f(x)$のグラフに点A(2, 2)で接していることが

見てとれます。実は、一般にある点における近似1次関数の描く直線はその点におけるグラフの接線になります。以下、今の具体例でこのことを説明します。

まず、3次関数$y=f(x)$のグラフと点Aにおける近似1次関数$y=2+9(x-2)$の直線との交点を求めてみましょう。それには方程式、

$$x^3-3x=2+9(x-2)$$

を解けばよいのですが、左辺を式①の最後の式に書き直します。つまり、

$$2+9(x-2)+6(x-2)^2+(x-2)^3=2+9(x-2)$$

となります。したがって、$2+9(x-2)$を両辺から引けば、

$$6(x-2)^2+(x-2)^3=0$$

となります。左辺を$(x-2)^2$でくくれば、

$$(x-2)^2(x+4)=0$$

よって、交点の方程式は、$x=2$を重解に持ち、もう1つの解が$x=-4$です。「重解」というのは、$x=2$に2つの解が重なっているということでした。これが、直線BCが点Aで接していることの証となります。

図8-3を見てください。点Aを通る直線は3次関数のグラフとA以外の2点で交わります。そのうちAに近い交点Pをだんだん Aに近づけていって得られる直線が接線の定義です。ですから、接点Aとは「2交点AとPが重なってできている点」

なので、交点の方程式が重解となるわけです。

図8-3

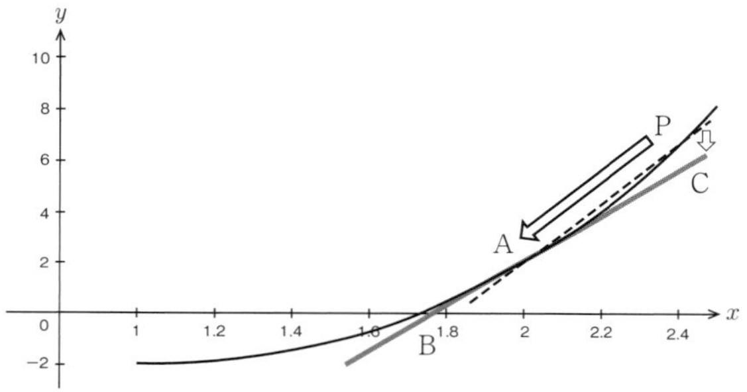

関数$y=f(x)$の点Aにおける近似1次関数の傾きのことを「微分係数」と呼びます。いま説明したように、それは$y=f(x)$のグラフの点Aにおける接線の傾きと一致します。関数$f(x)$の$x=a$における微分係数を$f'(a)$と記します。

$y=f(x)=x^3-3x$の例では、$x=2$における微分係数$f'(2)$は、さきほど求めたように9です。この記号を用いて近似1次関数$y=2+9(x-2)$を書き直すと、($f(2)=2$だったことを思い出せば)、

$$y=f(2)+f'(2)(x-2)$$

となります。

ここまでの解説をまとめると、

〈微分係数の定義と性質〉

(1) 関数$y=f(x)$の点A$(a,\ f(a))$における接線の傾きを$f(x)$の$x=a$における微分係数と呼び、$f'(a)$と記す。

したがって、関数$f(x)$の点A$(a,\ f(a))$における接線の式は、

$$y=f(a)+f'(a)(x-a)$$

であり、これが$f(x)$の近似1次関数の式でもある。すなわち、

$$f(x)\approx f(a)+f'(a)(x-a)\qquad (x\approx a)$$

さらに、$y=f(x)$のグラフと近似1次関数のグラフとの交点の方程式は、$x=a$において重解（$(x-a)^2g(a)=0$のように書ける）となる。

(2) 微分係数$f'(a)$が正なら$f(x)$は$x=a$のごく近くでは増加状態である。

微分係数$f'(a)$が負なら$f(x)$は$x=a$のごく近くでは減少状態である。

極値への応用

微分係数の最もめざましい応用は、極値への応用です。極値というのは、「局所的に最大や最小となる値」のことです。前節の関数を例に説明しましょう。

一般の場所$x=a$での$y=f(x)=x^3-3x$の微分係数（接線の傾き）を求めましょう。さっきと同じように、$t=x-a$で定義される変数tを用いて、関数$f(x)$を書き換えます。

$f(x)$のxを$t+a$に置き換えます。やはり、2項定理を使うことにより、

$$f(x)=(t+a)^3-3(t+a)=a^3-3a+(3a^2-3)t+3at^2+t^3$$

が得られます。$(x-a)$での表記に戻せば、

$$f(x)=f(a)+(3a^2-3)(x-a)+3a(x-a)^2+(x-a)^3 \quad \cdots\cdots ③$$

この式において$(x-a)^2$と$(x-a)^3$とを無視すれば次の1次近似式が得られます。

$$f(x)\approx f(a)+(3a^2-3)(x-a) \quad (x\approx a)$$

ここで、特に、$a=1$としてみましょう。$3a^2-3=0$だから、

$$f(x)\approx -2+0(x-1) \quad (x\approx 1)$$

となります。この1次関数は、傾きが0ですからグラフは水平線です。したがって、$y=f(x)$の$x=1$での接線は水平線$y=-2$となります。接線が水平線になるということは、グラフの関係が**図8-4**のようになっている、ということです。この図を見ると、接線が水平線であることが、グラフが$x=1$で谷底になっていることを教えてくれるように思います。それが事実なら、$f(x)=x^3-3x$は$x=1$のごく近くの範囲において$x=1$で最小値をとっている、ということがわかります。このように「局所的な最小値（谷底の値）」のことを「極小値」と呼びます。

図8-4

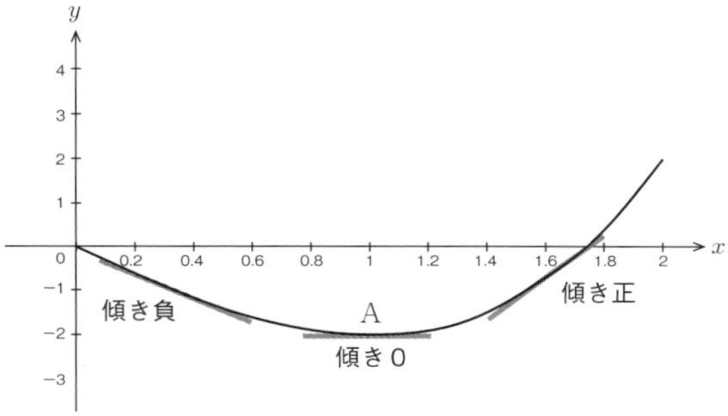

では、グラフを見ないで、$f(x)=x^3-3x$が$x=1$において極小値をとっていることを確認できるでしょうか。それには次のようにします。もう一度、一般の点での1次近似式

$$f(x)\approx f(a)+(3a^2-3)(x-a)\quad(x\approx a)$$

を持ち出しましょう。いま、aを1よりちょっとだけ小さい値としましょう。このとき、$3a^2$は3より小さいので、近似1次関数の傾き$3a^2-3$は負になります。ということは、1よりちょっとだけ左の場所ではグラフは減少状態になっているとわかります。次に、aを1よりちょっとだけ大きい値としましょう。このとき、$3a^2$は3より大きいので、近似1次関数の傾き$3a^2-3$は正になります。ということは、1よりちょっとだけ右の場所ではグラフは増加状態になっているとわかります。このことから、図8-4のようなグラフの様子がわかります。グラフ上の点A(1, −2)のちょっと左ではグラフは下降、ちょっと右ではグラフは上昇となっているので、点A(1, −2)において谷底と判明しま

した。つまり、$f(x)=x^3-3x$が$x=1$において極小値をとる、ということが確認されたわけです。

2次近似を利用する

以上のことを、別の観点から再確認する方法を解説しましょう。それは、$f(x)=x^3-3x$を変形した①式の2次の項までとることです。前に式②で見たように、$(x-1)^2$に比べて$(x-1)^3$は塵のように小さいので、式③において$(x-1)^3$の項を無視すると、

$$f(x)\approx -2+0(x-1)+3(x-1)^2 \quad (x\approx 1)$$

という近似式が得られます。つまり、

$$y=-2+3(x-1)^2$$

が$f(x)$を近似する2次関数となっているわけです。これは、$(x-2)^2$の項までとっているので、「2次近似式」と呼ばれます。

この近似式が意味するのは、$x=1$のごく近くでは、$f(x)$は2次関数$y=-2+3(x-1)^2$とほぼ同じと見なしていい、ということです。この2次関数のグラフは点A(2, −2)を頂点として下に凸の放物線であることは高校数学で習います。したがって、この2次関数で近似できるということは、$f(x)$が$x=1$において極小値を持つことを意味しています。

図8-5を見てください。$y=f(x)=x^3-3x$のグラフと放物線$y=-2+3(x-1)^2$を同時に描いてあります。見ればわかると思

図8-5

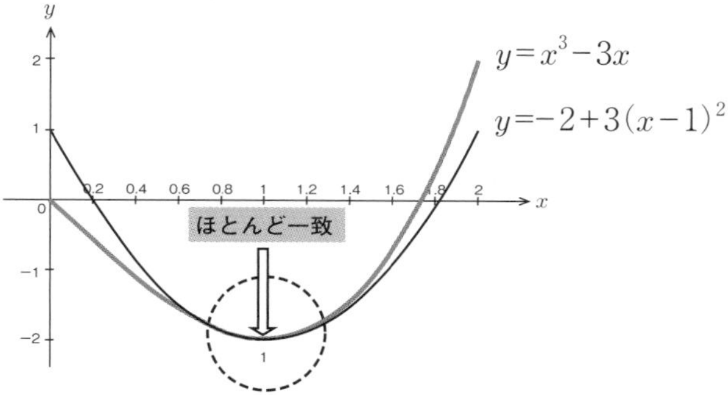

いますが、二つのグラフは$x=1$において接しています。$x=1$のごく近傍だけを見れば、3次関数$y=f(x)=x^3-3x$と2次関数$y=-2+3(x-1)^2$は非常に近い値を算出するということです。実際、その差は$(x-1)^3$ですから、xが1にものすごく近いときは、差は塵程度になるわけです。

ここまでの部分をまとめると、

〈微分係数と極値の定理〉

数$y=f(x)$の点$A(a,\ f(a))$において$f'(a)=0$とする。このとき、変数tをaの前後で動かすと、

(1) $f'(t)$の符号がaの前後で負から正に切り替わるなら、$f(a)$は極小値

(2) $f'(t)$の符号がaの前後で正から負に切り替わるなら、$f(a)$は極大値

(3) $f(x)$ の $x=a$ における2次近似式が、

$$f(x) \approx f(a)+0(x-a)+\beta(x-1)^2 \quad (x \approx a)$$

ならば、$\beta>0$ のとき $f(a)$ は極小値、$\beta<0$ のとき $f(a)$ は極大値

微分が、さまざまな科学分野で重要なツールとなるのは、最大値や最小値を微分係数から容易に求めることができるからなのです。

微分係数とランダウ記号

以上の解説でわかったと思いますが、微分係数を定義したり、極小値・極大値を確認したりするのに、1次近似式や2次近似式が利用されます。だから、これらの近似式を柔軟に操作するために、適切な記号があったほうがよいでしょう。そこで考え出されたのが、「ランダウ記号」と呼ばれる記号です。ここで、ランダウというのは、この記号を創案したドイツの数学者エトムント・ランダウの名前です（ロシアの物理学者レイ・ランダウとは別人）。

式①をもう一度見てみましょう。

$$f(x)=x^3-3x=2+9(x-2)+6(x-2)^2+(x-2)^3 \qquad \cdots\cdots①$$

この式①はランダウ記号を用いて次のように書き換えられます。

$$x^3-3x=2+9(x-2)+O((x-2)^2) \quad (x\to 2) \qquad \cdots\cdots④$$

ここに登場したランダウ記号、

$$O((x-2)^2)$$

とは、「xを2に近づけるとき($x\to 2$のとき)、$(x-2)^2$と同じぐらいか、それ以上のスピードで0に近づく関数」ということを意味しています。実際、式①の2次以上の項、

$$6(x-2)^2+(x-2)^3$$

において、$x\to 2$のとき、$6(x-2)^2$は$(x-2)^2$と同じ程度の速度で0に近づき、$(x-2)^3$は$(x-2)^2$よりも速い速度で0に近づきます。したがって、この$6(x-2)^2+(x-2)^3$の項を$O((x-2)^2)$と記しているわけです。

ランダウ記号を導入した式④の意味は、「関数x^3-3xは、1次関数$2+9(x-2)$の部分と、$x\to 2$のとき$(x-2)^2$と同じぐらいかそれ以上のスピードで0に近づく関数の部分との和となる」ということです。184、185ページで説明したように、$x=2$のごく近くでは$(x-2)$に比べて$(x-2)^2$は塵のような存在です。したがって、$x=2$のごく近くでは$O((x-2)^2)$の部分は無視してもほとんど影響がないと言えます。それが、1次近似式、

$$f(x)\approx 2+9(x-2) \quad (x\approx 2)$$

を与えることになったわけです。

次に、ランダウ記号を使って2次近似を表現してみましょう。前の式③を再度持ち出すと、

$$f(x)=-2+0(x-1)+3(x-1)^2+(x-1)^3 \qquad \cdots\cdots③$$

です。この式はランダウ記号を用いて、

$$f(x)=-2+0(x-1)+3(x-1)^2+O((x-1)^3)$$

と表すことができます。$O((x-1)^3)$の部分は、$x\to 1$のとき、$(x-1)^2$に比べてものすごく速く0に近づくので、$x=1$のごく近くでは塵として無視してしまうことができます。それが、2次近似式、

$$f(x)\approx -2+0(x-1)+3(x-1)^2 \quad (x\approx 1)$$

を導くわけです。

ランダウ記号を正式に定義しよう

ランダウ記号について、「同じくらいの速度で0に近づく」「それよりも速い速度で近づく」という表現で定義しましたが、ここでもっと応用範囲の広い形でのきちんとした定義を述べましょう。

〈ランダウ記号の定義〉

関数$f(x)$と$g(x)$に対して、関数$h(x)$と正の定数Aとが存在して、xがaに十分近いところでは、

$$-A\,|h(x)| \leqq f(x) - g(x) \leqq A\,|h(x)|$$

が成り立つとき、

$$f(x) = g(x) + O(h(x)) \quad (x \to a)$$

と記す。

この定義は、「xがaに十分近いところでは、$f(x)$と$g(x)$の隔たりは、たかだか$|h(x)|$の定数倍程度である」ことを意味しています。

例えば、式①は、

$$x^3 - 3x = 2 + 9(x-2) + 6(x-2)^2 + (x-2)^3$$

ですが、xが2に十分近いところでは、$-(x-2)^2 \leqq (x-2)^3 \leqq (x-2)^2$ですから、

$$-7(x-2)^2 \leqq (x^3 - 3x) - (2 + 9(x-2)) \leqq 7(x-2)^2$$

が成り立ちます。よって、この定義からも、

$$x^3 - 3x = 2 + 9(x-2) + O((x-2)^2) \quad (x \to 2)$$

が成り立つとわかります。

ランダウ記号は、$a = \infty$のとき、すなわち、$x \to \infty$というケースでも利用できます。

$$f(x) = g(x) + O(h(x)) \quad (x \to \infty)$$

という式は、「xが十分大きくなると、$f(x)$と$g(x)$の隔たりは、たかだか$|h(x)|$の定数倍程度である」という意味になります。この形式は、次の九段編で多用されます。

微分係数は極限で求められる

189ページで微分係数の定義をしたとき、1次近似式の傾きとしました。すなわち、

$$f(x) \approx f(a) + f'(a)(x-a) \quad (x \approx a)$$

となるxの係数$f'(a)$のことでした。この式をランダウ記号で書き直すと、

$$f(x) = f(a) + f'(a)(x-a) + O((x-a)^2) \quad (x \to a)$$

となります。この式をランダウ記号の定義で書き換えれば、ある正数Aについて、

$$-A(x-a)^2 \leqq f(x) - f(a) - f'(a)(x-a) \leqq A(x-a)^2$$

が、$x \to a$のとき成り立つということです(正確には、正数εに対して、$|x-a| < \varepsilon$を与えて、それに対応するAをとる)。辺々を$(x-a)$で割ると、

$$-A|x-a| \leqq \frac{f(x)-f(a)}{x-a} - f'(a) \leqq A|x-a|$$

となります($x-a$が正負どちらでも成り立つ)。最初の式と最後の式は$x \to a$のとき、明らかに0に近づきますから、真ん中

の式も0に近づかなくてはなりません。つまり、

$x \to a$のとき、$\dfrac{f(x)-f(a)}{x-a}$は微分係数$f'(a)$に近づく

ということがわかります。このことを、

$$\lim_{x \to a} \frac{f(x)-f(a)}{x-a} = f'(a)$$

と記します。左辺の記号$\displaystyle\lim_{x \to a}$は、「$x \to a$のときに近づく値」を意味します。専門用語で「極限値」と呼びます。左辺の極限値が右辺の微分係数$f'(a)$と一致する、ということです。

最初の例、$f(x)=x^3-3x$に対して、このことを確かめてみます。$x=2$における微分係数$f'(2)$を求めてみましょう。それには極限値、

$$\lim_{x \to 2} \frac{f(x)-f(2)}{x-2}$$

を計算すればよいのですが、再度、式①の、

$$f(x)=2+9(x-2)+6(x-2)^2+(x-2)^3$$

を利用します。

$$f(x)-f(2)=f(x)-2=9(x-2)+6(x-2)^2+(x-2)^3$$

に注目して、

$$\frac{f(x)-f(2)}{x-2}=9+6(x-2)+(x-2)^2$$

したがって、$x \to 2$のとき、$6(x-2)$と$(x-2)^2$は0に近づくから、この値は9に近づきます。つまり、$f'(2)=9$と求まりま

す。この計算を見れば、極限値による微分係数と1次近似の傾きによる微分係数が整合的であることは明らかでしょう。

これまでの解説をまとめると、微分係数$f'(a)$には次の４つの理解の仕方があることがわかります。

(理解の仕方その1) $f(x)$の$x=a$のごく近くでの1次近似式の傾き。

(理解の仕方その2) $y=f(x)$のグラフの$x=a$における接線の傾き。

(理解の仕方その3) $f(x)=f(a)+\alpha(x-a)+O((x-a)^2)\ (x\to a)$ と表したときのα。

(理解の仕方その4) 次のような極限値、

$$\lim_{x\to a}\frac{f(x)-f(2)}{x-a}$$

多項式の微分係数

微分係数の解説を終えたので、いろいろな関数の微分係数を求めてみます。

最初にべき関数の微分係数を求めます。例えば、$f(x)=x^5$の$x=a$における微分係数を求めるとどうなるでしょう。そのためには、ランダウ記号による表現、

$$x^5=a^5+\alpha(x-a)+O((x-a)^2)\quad(x\to a)$$

を作り出せばいいです。前の節でやったように、$t=x-a$と変数変換をし、x^5のxを$t+a$に置き換えます。五段編の2項定理

(120ページ)を利用して、

$$(t+a)^5=a^5+{}_5C_1a^4t+{}_5C_2a^3t^2+\cdots$$

tを$x-a$に戻せば、

$$x^5=a^5+{}_5C_1a^4(x-a)+{}_5C_2a^3(x-a)^2+\cdots$$

${}_5C_1=5$および、右辺の3項目以降が$x\to a$において$(x-a)^2$の定数倍程度で抑えられることから、

$$x^5=a^5+5a^4(x-a)+O((x-a)^2)$$

と表すことができます。したがって、$f(x)=x^5$の$x=a$における微分係数は、

$$f'(a)=5a^4$$

とわかりました。まったく同様にして、自然数nに対して、べき関数$f(x)=x^n$の$x=a$における微分係数は、2項定理から、

$$f'(a)={}_nC_1a^{n-1}=na^{n-1}$$

とわかります。

微分に関する公式たちをまとめると次のようになります。

〈微分公式〉

(1) $f(x)=c$(定数)ならば$f'(a)=0$

(2) $h(x)=cf(x)$ (cは定数)ならば$h'(a)=cf'(a)$

(3) $h(x)=f(x)+g(x)$ならば$h'(a)=f'(a)+g'(a)$

(4) $h(x)=f(x)g(x)$ならば$h'(a)=f'(a)g(a)+f(a)g'(a)$

(5) $h(x)=g(f(x))$ならば$h'(a)=g'(f(a))f'(a)$

以下(4)と(5)のみ証明します。他は、同じ発想でできます。

$h(x)=f(x)g(x)$ の $x=a$ における微分係数 $h'(a)$ を求めます。

先にざっくりした説明をすると、$f(x)$ の1次近似式は $p+q(x-a)$（係数は $p=f(a)$, $q=f'(a)$）で、$g(x)$ の1次近似式が $r+s(x-a)$（係数は $r=g(a)$, $s=g'(a)$）なら、これらの積の $(x-a)$ の項は $(qr+ps)(x-a)$ だから、

$$h'(a)=qr+ps=f'(a)g(a)+f(a)g'(a)$$

となります。これが「積の微分公式」です。以下、これを真面目にランダウ記号を使って示しますが、うっとうしいと思う人は、この理解で済ませて、以下は飛ばしてください。

$$f(x)=f(a)+f'(a)(x-a)+O((x-a)^2) \qquad (x \to a)$$
$$g(x)=g(a)+g'(a)(x-a)+O((x-a)^2) \qquad (x \to a)$$

を辺々掛け算すると、

$$h(x)=f(x)g(x)=f(a)g(a)+(f'(a)g(a)+f(a)g'(a))(x-a)+\cdots$$

最後の「…」の部分は、ちゃんと書くと、

$$f(a)O((x-a)^2)+f'(a)(x-a)O((x-a)^2)$$
$$+g(a)O((x-a)^2)+g'(a)(x-a)O((x-a)^2)$$

となりますが、どの項も $(x-a)^2$ と同じくらいか、より速い速度で0に近づくので、結局、

$$h(x)=f(a)g(a)+(f'(a)g(a)+f(a)g'(a))(x-a)+O((x-a)^2)$$
$$(x \to a)$$

となります。したがって、

$$h'(a)=f'(a)g(a)+f(a)g'(a)$$

という公式が得られました。

(5) は「合成関数の微分公式」と呼ばれます。「合成関数」というのは、二つの関数を接続して一つの関数を作ったものです。まず、変数xから変数yを関数$y=f(x)$によって計算します。次に、変数yから変数zを関数$z=g(y)$によって計算します。この2つの計算を合わせると、変数xから変数zを計算する関数$z=h(x)$をつくることができます。それには、$z=g(y)$のyを、$y=f(x)$の$f(x)$に置き換えればいいです。すなわち、$h(x)=g(f(x))$ということです(図8-6)。

図8-6

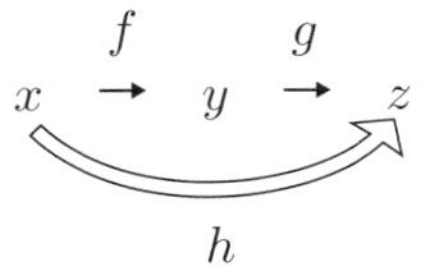

この$h(x)=g(f(x))$に対して、$x=a$における微分係数$h'(a)$を求めてみましょう。$x=a$として計算したyの値をbとします($f(a)=b$)。 $y=f(x)$の$x=a$での1次近似式を作ると、$y=b+q(x-a)$(係数は $b=f(a)$, $q=f'(a)$)。

次に、$y=b$での$z=g(y)$の1次近似式を作ると、$z=r+s(y-b)$（係数は$r=g(b)$, $s=g'(b)$）です。

先の式を後の式に代入すれば、

$$z=r+s(b+q(x-a)-b)=r+sq(x-a)$$

となります。$(x-a)$の係数が$h'(a)$ですから、

$$h'(a)=sq=g'(b)f'(a)$$

となります。$b=f(a)$を代入して、

$$h'(a)=g'(f(a))\ f'(a)$$

が「合成関数の微分公式」です。この公式も、さっきのようにランダウ記号を用いて、きちんと導出できますが、ここでは省略しましょう。

テイラー展開と無限次の多項式

微分について、普通の教科書なら商の微分公式なども与えないといけませんが、本書は素数についての本なので、この辺で切り上げて先を急ぐことにします。

式①をもう一度呼び起こしましょう。

$$f(x)=x^3-3x=2+9(x-2)+6(x-2)^2+(x-2)^3$$

このように、$f(x)$を$(x-a)$の多項式の形で表すことを「$x=a$におけるテイラー展開」と呼びます。これまで解説したように、テイラー展開はk次近似式（$k=1, 2, 3, \cdots$）を与えてくれま

す。n次多項式については、このように「$x=a$におけるテイラー展開」もn次多項式になりますが、一般の関数では無限次の多項式になります。

例えば、分数関数、

$$f(x)=\frac{1}{1-x}$$

の$x=0$におけるテイラー展開は、

$$f(x)=\frac{1}{1-x}=1+x+x^2+x^3+\cdots$$

です。

これが成り立つ理由は以下です。32、53ページの因数分解公式をもう一度利用しましょう。

$$1-x^{k+1}=(1-x)(1+x+x^2+x^3+\cdots+x^k)$$

これから、

$$\frac{1-x^{k+1}}{1-x}=1+x+x^2+x^3+\cdots+x^k$$

が得られます。項数を増やして(kを大きくして)、無限にもって行った極限が$f(x)$の右辺です。この式において、xが0に近い数なら、$k\to\infty$とすれば$x^{k+1}\to 0$となる(例えば、$0.1^4=0.0001$のようにどんどん0に近づく)ので、

$$f(x)=\frac{1}{1-x}=1+x+x^2+x^3+\cdots$$

が導出されます。この等式は、左辺の分数関数が、右辺の無限次の多項式と一致していることを示しています。ただし右辺が有限値となるのは、$-1<x<1$の場合に限ると知られていますので、一致はこの範囲でのみです。このように、局所的に意味を持つ関数（右辺）が全域的に値を持つ関数（左辺）と等しい仕組みは、あとの名人編で重要になります。

さて、この式から、1次近似式、

$$f(x)=\frac{1}{1-x}=1+x+O(x^2) \quad (x\to 0)$$

が得られます。したがって、この関数に関して、$f'(0)=1$がわかります。

無限次の多項式であるテイラー展開によって、新しい関数を定義することもできます。最も重要な例は、

$$f(x)=1+\frac{1}{1!}x+\frac{1}{2!}x^2+\cdots+\frac{1}{n!}x^n+\cdots \qquad \cdots\cdots⑤$$

です（階乗記号$n!$については、94ページ参照）。この無限和は、全実数で値を持つことがわかっており、xに制限はありません。それどころか、あとの編で、全複素数でも値を持つことを利用することになります。この関数は、あらゆる数理科学で頻繁に用いられるので、$\exp(x)$という特別の記号が与えられています。

この関数の最も大きな特徴は、「微分しても元のまま変わら

ない」という性質を持つことです。すなわち、

$$f'(x)=f(x)$$

という性質です。この不変性が、$\exp(x)$の重要性をもたらすわけです。これが成り立つ理由は、式⑤に微分公式を利用すればわかります。和の微分は、各項を微分して足し合わせればいいことを201ページの「微分公式」で示しましたから（無限和でもそれでいいのかはデリケートな問題ですが、それには目をつぶりましょう）、べき関数の微分を利用して、1項目から順に微分してみましょう。

$$1\text{の微分}=0$$

$$\frac{1}{1!}x\text{の微分}=\frac{1}{1!}\times 1=1$$

$$\frac{1}{2!}x^2\text{の微分}=\frac{1}{2!}\times 2x=\frac{1}{1!}x$$

$$\frac{1}{3!}x^3\text{の微分}=\frac{1}{3!}\times 3x^2=\frac{1}{2!}x^2$$

このように、各項の微分して足し合わせると、元の関数と同じ式が出てきます。したがって、$f'(x)=f(x)$が成り立ちます。

この関数で、$x=1$としたときの値をネピア定数eと言います。すなわち、

$$\exp(1)=1+\frac{1}{1!}+\frac{1}{2!}+\cdots+\frac{1}{n!}+\cdots=e$$

となります。実はそればかりではなく、自然数nに対して、$\exp(n)=e^n$となることもわかるのです。それは、次の公式、

$$\exp(x+y)=\exp(x)\exp(y)$$

から得られます。実際、$x=y=1$を代入すれば、

$$\exp(2)=\exp(1)\exp(1)=e^2$$

となり、$x=2,\ y=1$を代入すれば、

$$\exp(3)=\exp(2)\exp(1)=e^2e=e^3$$

となり、以下同様です。

上記の公式は、2項定理(120ページ)から得られます。

$$\exp(x)\exp(y)=\left(1+\frac{1}{1!}x+\frac{1}{2!}x^2+\cdots\right)\left(1+\frac{1}{1!}y+\frac{1}{2!}y^2+\cdots\right)$$

ですが、例えば、xとyで構成される4次の項(合計4個の文字の積の項)を抜き出してみると、

$$\frac{1}{4!}x^4+\frac{1}{3!}x^3\frac{1}{1!}y+\frac{1}{2!}x^2\frac{1}{2!}y^2+\frac{1}{1!}x\frac{1}{3!}y^3+\frac{1}{4!}y^4$$

$$=\frac{1}{4!}\left(\frac{4!}{4!}x^4+\frac{4!}{3!1!}x^3y+\frac{4!}{2!2!}x^2y^2+\frac{4!}{1!3!}xy^3+\frac{4!}{4!}y^4\right)$$

$$=\frac{1}{4!}\left(x^4+{}_4C_1x^3y+{}_4C_2x^2y^2+{}_4C_3xy^3+{}_4C_4y^4\right)$$

$$=\frac{1}{4!}(x+y)^4$$

となります。これは2項定理です。

どの項もこのようにまとめられるので、

$$\exp(x)\exp(y)=1+\frac{1}{1!}(x+y)+\frac{1}{2!}(x+y)^2+\cdots=\exp(x+y)$$

が得られます。

さて、$y=\exp(x)=e^x$の逆関数が対数関数であることは、70ページですでに解説しました。すなわち、$y=\exp(x)$でyからxを逆算する関数が、$x=\log y$だということです。

この式から、対数関数$x=\log y$の微分は合成関数の微分を使ってすぐ得られます。

$f(y)=\log y$と置けば、$y=\exp(x)=\exp(f(y))$です。この両辺を微分すれば、

$$1=\exp(f(y))f'(y)$$

右辺は合成関数の微分公式（201ページ）を使っています。右辺の最初の項は、expの微分が不変であることから出ています。したがって、

$$f'(y)=\frac{1}{\exp(f(y))}=\frac{1}{y}$$

つまり、対数関数の$f(x)=\log x$の微分は、分数関数$\frac{1}{x}$だということです。以上をまとめておきましょう。

〈expの微分・logの微分〉

$$(\exp(x))'=\exp(x)$$

$$(\log x)'=\frac{1}{x}$$

本書で重要なものとして、対数関数のテイラー展開を与えましょう。次の式となります。

$$f(x)=\log(1+x)=x-\frac{1}{2}x^2+\frac{1}{3}x^3-\frac{1}{4}x^4+\cdots+\frac{(-1)^{n-1}}{n!}x^n+\cdots$$

これは、$x=0$のそばでのテイラー展開ですが、右辺が意味を持ち等式が成り立つのは、$-1<x\leqq 1$の範囲です。この$f(x)$の1次近似式は、

$$\log(1+x)=x+O(x^2)\quad(x\to 0)$$

となります。

ちなみにこのテイラー展開に$x=1$を代入すれば、

$$\log 2=1-\frac{1}{2}+\frac{1}{3}-\frac{1}{4}+\cdots+\frac{(-1)^{n-1}}{n!}+\cdots$$

という、五段編の134、135ページで素数定理の直感的導出の際に利用した公式が得られます。

このテイラー展開を得るには積分を利用します（218ページ）。

1次近似式を集計する

ここからは「積分」の解説に入ります。

1次近似式、

$$f(x)=f(a)+f'(a)(x-a)+O((x-a)^2)\quad(x\to a)$$

の応用を考えましょう。この式を、

$$f(x)-f(a)=f'(a)(x-a)+O((x-a)^2) \quad (x\to a) \qquad \cdots\cdots⑥$$

と書き換えておきます。この式からランダウ記号を除去すると、

$$f(x)-f(a)\approx f'(a)(x-a) \quad (x\approx a) \qquad \cdots\cdots⑦$$

この式の意味は、「xがaにすごく近いところでは、関数fによる値の隔たり$f(x)-f(a)$は、xとaの隔たりの$f'(a)$倍にすごく近い」ということです。

ここで、2数aとb（ただし、$a<b$）を固定して、その間に十分たくさんの数をとります。すなわち、$a=x_1<x_2<x_3<\cdots<x_n=b$という$n$個の数をとるわけです。$n$を十分大きくしたときに、隣りあう各$x_k$と$x_{k+1}$はいくらでも近い数になるように点をとります。これらの数に対して式⑦を用いれば、

$$\begin{aligned}
f(x_2)-f(x_1) &\approx f'(x_1)(x_2-x_1)\\
f(x_3)-f(x_2) &\approx f'(x_2)(x_3-x_2)\\
f(x_4)-f(x_3) &\approx f'(x_3)(x_4-x_3)\\
&\vdots\\
f(x_n)-f(x_{n-1}) &\approx f'(x_{n-1})(x_n-x_{n-1})
\end{aligned}$$

これらの式を辺々加え合わせましょう。

左辺は、$f(x_2)$と$-f(x_2)$が打ち消し合って0になり、$f(x_3)$と$-f(x_3)$が打ち消し合って0になり、ということが順次起きて、最初の項と最後の項だけが残ります。したがって、

$$f(x_n)-f(x_1)\approx f'(x_1)(x_2-x_1)+f'(x_2)(x_3-x_2)+\cdots$$
$$+f'(x_{n-1})(x_n-x_{n-1})$$

$x_1=a$ と $x_n=b$ を代入すれば、

$$f(b)-f(a)\approx f'(x_1)(x_2-x_1)+f'(x_2)(x_3-x_2)+\cdots$$
$$+f'(x_{n-1})(x_n-x_{n-1}) \qquad \cdots\cdots⑧$$

この右辺の和には図形的な意味をもたせることができます。そのことから、この式⑧は非常に重要な定理を生み出すのです。

最初のほうで例にした3次関数、$y=f(x)=x^3-3x$ を用いて説明しましょう。

1次近似式は、

$$f(x)-f(a)\approx(3a^2-3)(x-a)$$

です。

図8-7を見てください。グラフは、

$$y=f'(x)=3x^2-3$$

です。x 軸上に $a=x_1<x_2<x_3<\cdots<x_n=b$ という n 個の点をとっています。

この図の中で、$f'(x_1)(x_2-x_1)$ が何に現れているか。それは、長方形 x_1ABx_2 の面積です。

すなわち、$f'(x_1)(x_2-x_1)$ の値は（長方形 x_1ABx_2 の面積）×(−1) となっています。実際、(x_2-x_1) は辺 x_1x_2 の長さ、$f'(x_1)$ は（辺 x_1A の長さ）×(−1) となっています。

図8-7

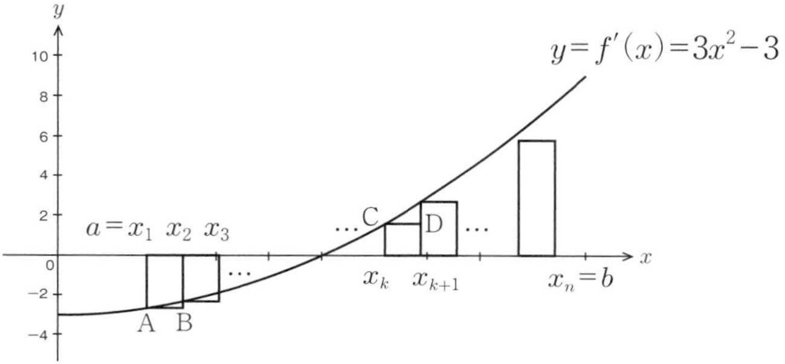

同様にして、$f'(x_k)(x_{k+1} - x_k)$ は図中の長方形 x_kCDx_{k+1} の面積となっています（値はプラス）。したがって、式⑧の右辺の各項は、$y = f'(x)$ のグラフに埋め込まれた各長方形の「符号付き面積」を表しているわけです。符号付き面積とは、x 軸より下の場合はマイナス、上の場合はプラスで表した面積のことです。

点の個数 n を $n \to \infty$ とすれば、この階段状の図形は $y = f'(x)$ のグラフと x 軸とで囲まれる図形に近づいていくことが想像できるでしょう。ですから、$n \to \infty$ とすれば、式⑧の右辺は、「$y = f'(x)$ のグラフと x 軸とで囲まれる領域の符号付き面積」に近づいていくことが推測できます。ただし、長方形の幅 $(x_{k+1} - x_k)$ たちの最大値が0に近づいていくように点を作っていきます（太い長方形がずっと残るようにはしない、ということ）。

図8-8

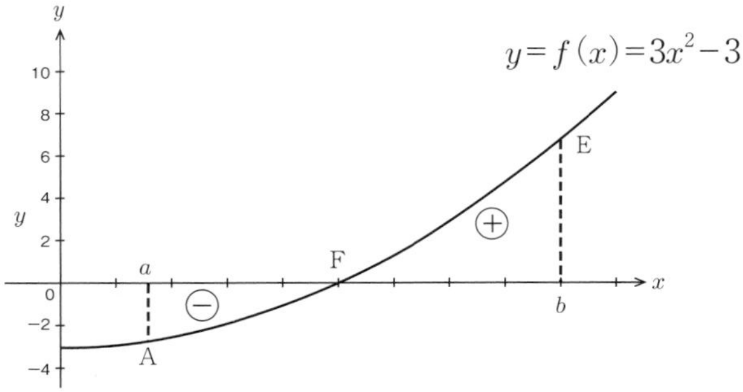

「$y=f'(x)$ のグラフと x 軸とで囲まれる領域の符号付き面積」とは、**図8-8**の aAFの領域の面積は (-1) 倍にして、bEFの領域の面積はそのままの値で、合計したものを言います。これを記号で、

$$\int_a^b f'(x)\,dx$$

と記します。

以上の作業を一般的に定義しましょう。

いまと同じように関数 $y=h(x)$ のグラフの $x=a$ と $x=b$ の間に n 個の長方形を埋め込んで作った階段状の図形の符号付き面積の総和

$$h(x_1)(x_2-x_1)+h(x_2)(x_3-x_2)+\cdots+h(x_{n-1})(x_n-x_{n-1})$$

において、$n\to\infty$ として近づく値を、「リーマン積分」と呼んで、

$$\int_a^b h(x)\,dx$$

と記します。記号の意味は、次のようです。すなわち、上記の総和はシグマ記号を用いれば、

$$\sum_{k=1}^{n-1} h(x_k)(x_{k+1}-x_k)$$

と表されますが、この有限和の極限をとることから、Σ記号を丸みのある∫記号に変更し、幅を表す$(x_{k+1}-x_k)$を微小幅を表すdxに変更するのです。

この値はイメージ的には、図8-8のような「$y=h(x)$のグラフとx軸とで囲まれる領域の符号付き面積」を表します。しかし、よくよく考えてみると、そもそも「曲線図形の面積」は正式に定義されていません。私たちは学校で曲線図形の面積を教わったから、そういうものが暗黙のうちにあるように思っているだけです。実は正式に定義されたことはありません。そうわかると、この極限値によって計算される「リーマン積分の値」をして「曲線図形の面積」の定義と考えるべきだとなるでしょう。

関数$h(x)$がある関数$f(x)$の微分$f'(x)$であるとわかれば、この「リーマン積分」の値が具体的に計算できてしまうことがミソです。実際、式⑧の等式の極限をとると、

$$\int_a^b f'(x)\,dx = f(b)-f(a) \qquad \cdots\cdots⑨$$

という等式が導かれます。これを「微積分学の基本定理」といいます。

ここで、式⑧は近似式であり、正確には式⑥の$O((x_{k+1}-x_k)^2)$の分の誤差があります。しかし、その心配は無用なのです。詳しく証明することはしませんが、直感的に言うと、このランダウ記号の分は、点の個数$n \to \infty$において、0に近づいていくのです。なぜなら、$n \to \infty$とすると、$x_{k+1}-x_k$は0に近づきますから、$O((x_{k+1}-x_k)^2)$はその2乗のスピードで0に近づきます。$x_{k+1}-x_k$は平均的には$(b-a)/n$の大きさですから、$O((x_{k+1}-x_k)^2)$は$\frac{1}{n^2}$のスピードで0に近づくと見なせるでしょう。他方、このランダウ記号の総和の増加はnのスピードです。したがって、ランダウ記号の誤差の部分は影響がないとしてよいのです（リーマン積分についての説明は「平均値の定理」を使うことでランダウ記号なしでもできます。拙著[17]参照のこと）。

$h(x)=3x^2-3$の場合には、$f(x)=x^3-3x$と設定すれば、$f'(x)=h(x)$となります。したがって、「$y=h(x)=3x^2-3$のグラフとx軸とで囲まれる領域の符号付き面積」は、

$$\int_a^b h(x)\,dx=\int_a^b f'(x)\,dx=f(b)-f(a)=b^3-3b-a^3+3a$$

と具体的な計算ができます。

以上、リーマン積分の公式を定理としてまとめておきましょう。

〈微積分学の基本定理〉

関数$h(x)$がある関数$f(x)$を微分した$f'(x)$と等しいならば、

$$\int_a^b h(x)\,dx = f(b) - f(a)$$

ちなみに$f(x)$を「$h(x)$の原始関数」と呼ぶ。

「微積分学の基本定理」を発見したのは17世紀のニュートンです。曲線図形の面積は、紀元前ギリシャのアルキメデスが計算法を編み出しており、それはリーマン積分の発想に近いものでした。しかし、それを微分と結びつけたところにニュートンの天才性があります（実はライプニッツもほぼ同時に発見しています）。関数の無限小の動きを表現するのが微分であり、無限小量を集計する技術が積分です。無限小を操作できるようになったことが数学の大きな進歩なのです。

積分の応用として、$\log(1+x)$のテイラー展開（210ページ）を作りましょう。

まず205ページの式

$$\frac{1}{1-x} = 1 + x + x^2 + x^3 + \cdots$$

でxを$-x$に置き換えます。

$$\frac{1}{1+x} = 1 - x + x^2 - x^3 + \cdots$$

次にこの式を0からtまで積分します。

$$\int_0^t \frac{1}{1+x}dx = \int_0^t (1-x+x^2-x^3+\cdots)\ dx$$

$$\{\log(1+x)\}' = \frac{1}{1+x}$$

$$\left\{\frac{1}{n+1}x^{n+1}\right\}' = x^n$$

から、

$$\log(1+t) = t - \frac{1}{2}t^2 + \frac{1}{3}t^3 - \cdots$$

となります。

素数と積分の関係

長い道のりをたどって、微分と積分の解説をしてきました。ここまできてやっと、素数の登場とあいなります。

三段編で解説したように、素数定理

$$(x\text{以下の素数の個数}) \sim \frac{x}{\log x}$$

が正しければ、その解釈として、

$$(x\text{付近の数が素数である確率})\text{はおおよそ}\frac{1}{\log x}$$

が可能です。ここで、「x付近の数が素数である確率」とは、「x付近の数における素数の濃度」と解釈できます。

アルコール飲料で考えると、(酒の量)×(濃度)=(アルコール量)です。例えば、500グラムのビールのアルコール濃度が5%ならば、含有されるアルコール量は、500×0.05=25グラム、となります。

この見方をさきほどの「素数の濃度」について応用すると、

(x_j以上x_{j+1}未満の素数の個数)=

$$(\text{素数の濃度})\times(\text{幅}\,(x_{j+1}-x_j))\approx\frac{1}{\log x_j}(x_{j+1}-x_j)$$

したがって、$2=x_1<x_2<x_3<\cdots<x_k=n$という十分多くの$k$個の点をとって、

$$\frac{1}{\log 2}(x_2-x_1)+\frac{1}{\log x_2}(x_3-x_2)+\cdots+\frac{1}{\log x_{k-1}}(x_k-x_{k-1})$$

を計算すれば、2以上n以下の素数の個数$\pi(n)$の近似値を与えます。ここで点の個数kを∞に近づけ、各幅を0に近づけていけば、その極限はリーマン積分、

$$\int_2^n \frac{1}{\log x}\,dx$$

になります。つまり、この値はn以下の素数の個数$\pi(n)$に非常に近いだろうと予想されます。

この積分値をLi(n)と記し、「オイラーの対数積分」と呼びます。

この積分を、「微積分学の基本定理」で計算できるでしょうか。残念ながら、微分して$1/\log x$となる関数は、われわれの

よく知っている関数の中にはありません。したがって、この積分を簡単に計算できる方法はありません。

前に、$\pi(n)$ を近似する関数として $n/\log n$ があることを紹介しましたが、「オイラーの対数積分」$\mathrm{Li}(n)$ のほうが、$\pi(n)$ のもっとよい近似を与えることが知られています。それは下の表を見ればわかります。

表8-1　$n/\log n$ と $\mathrm{Li}(n)$ の比較

n	$\pi(n)$	$n/\log n$	$\mathrm{Li}(n)$
10^2	25	21.7	29
10^3	168	144.8	178
10^4	1229	1085.7	1248
10^5	9592	8685.9	9630
10^6	78498	72382.4	78628

(濃度)×(幅)という素朴な計算から、これほど絶妙な近似値で素数の個数が求まるのですから、「素数がかなり確率的な法則にしたがって分布している」ということが裏付けられている、と考えていいでしょう。このように「素数」と「積分」のような一見全く違うものにつながりがあるのが、数学の魅力です。

この「オイラーの対数積分」$\mathrm{Li}(n)$ に関して、漸近法則

$$\pi(n) \sim \mathrm{Li}(n) \quad (n \to \infty)$$

が成り立つことも「素数定理」の一部です。

ラマヌジャンと
ベルトラン=チェビシェフの定理
〜$\psi(x)$による証明

九段編

ベルトラン予想

素数に関する予想で有名なものに、三段編でも紹介した、ベルトラン予想があります。

〈ベルトラン予想〉

任意の自然数nに対して、nより大きく$2n$以下の素数が必ず存在する。

というものです。この予想はフランスの数学者ベルトランが1845年に提出しました。ベルトランは当時としてはかなり大きいnまで確かめた上で発表したようです。

この予想にどの程度信ぴょう性があるのか、素数定理を使って、おおざっぱに見積もってみましょう。73ページで紹介したように、x以下の素数の個数$\pi(x)$に対し、大きなxについては、

$$\pi(x) \sim \frac{x}{\log x}$$

という近似が成り立ちます。これより、「n以下の素数の個数」$\pi(n)$の近似値は$\frac{n}{\log n}$で、「$2n$以下の素数の個数」$\pi(2n)$の近似値は$\frac{2n}{\log 2n}$となります。後者は対数法則から、

$$\frac{2n}{\log 2n} = \frac{2n}{\log 2 + \log n}$$

となります。これは、$\frac{n}{\log n}$に比べて分子が2倍になっているのに、分母はlog2増えているだけです。したがって、$\pi(n)$に比べて$\pi(2n)$のほうが圧倒的に大きいので、ベルトラン予想はきっと正しいだろうという感触は得られます。しかし、これはあくまで近似の議論であり、$\pi(n)=\pi(2n)$となるn（反例となるn）がひとつも存在しないかどうかはわかりません。

この予想の完全な証明を得たのは、ロシアの数学者チェビシェフで、1852年のことです。それで今では、「ベルトラン＝チェビシェフの定理」と呼ばれています。チェビシェフによる証明は非常に込み入ったものでしたが、その後の数学者によって改良がなされ、初等的な証明が発見されました。それは145ページにも登場したエルデシュによるものです。エルデシュの証明は、五段編でも利用した「$2n$個からn個を選ぶ組合せ数」${}_{2n}\mathrm{C}_n$を巧みに評価するものです。この特殊な組合せ数がいかに豊富な数学的内容を含んでいるかがわかります。しかし、ここでは、エルデシュの証明ではなく、ラマヌジャンの発見した初等的証明を紹介することにします。

異色の天才ラマヌジャン

ラマヌジャンはとても異色な数学者でした。ラマヌジャンは、1887年にインド南部で生まれ、バラモン（司祭階級）として育ちます。そして、1903年、16歳の頃に手にしたカーという数学者の『純粋・応用数学基礎要覧』という本に夢中になります。これは、数学の公式を証明抜きで列挙した辞典のような本でした。ラマヌジャンはこの本をきっかけに自分でも数学の公式を探求するようになり、ノートに記録していきます。そのノートはラマヌジャンの没後に『ノート』と題されて刊行され、数学者たちが共有し、研究するものとなりました。

悲しいことにも、若きラマヌジャンの発見を理解する人はインドには皆無でした。それでラマヌジャンは、1923年、イギリスの高名な数学者ハーディに手紙を書きました。その中には、ノートから選んだ120もの式が記してあったそうです。それらの式の中には、既によく知られたものもありましたが、ハーディでさえ全く未知のものもありました。驚いたハーディは、ラマヌジャンをケンブリッジ大学に招聘し、共同研究者とします。

ラマヌジャンはイギリスで大好きな数学に没頭しますが、ハーディとの関係は次第にぎくしゃくしたものになっていきます。その理由は、ラマヌジャンが数学の公式を証明抜きで提示することにありました。ハーディは伝統的な数学者なので、証明なしの式を「正しい」とは認めたくなかったのです。

ラマヌジャンが証明を軽視したのは、数学に惹かれるきっかけとなったのがカーの『要覧』だったからでしょう。この辞典が証明抜きだったので、若い頃のラマヌジャンは自分なりの何か特殊な「感覚」で公式の導出をしたのだと推測されます。それは通常の数学者の研究方法とはかなり異なるものだったに違いありません。ハーディにはそれが認められなかったのです。

数学者の黒川信重さんは、この不和について、「ハーディがラマヌジャンに対して感じた数学的ジェラシーだったと思われます」と書いています([18])。毎日いくつも数学的発見をするラマヌジャンをハーディはうらやましくなったのだという推測です。ラマヌジャンがイギリスのハーディのところでなく、ドイツのヘッケのところに行ったなら、もっとうまくいったのではないか、と著名な数学者セルバーグが述べているそうです。

そんな中で、1914年、第一次世界大戦が始まり、イギリスも参戦しました。戦争のために燃料や食料は欠乏し、暖かいインドで育ち菜食主義だったラマヌジャンは健康を害することになりました。入院治療などのあと、1919年にインドに戻り、1920年に32歳という若さで命を失うこととなりました。

ラマヌジャンの死後、彼の数学は数学者たちに多くのテーマと成果を与えることとなりました。中でも有名なものに保型形式Δの研究があります。保型形式とは、ある種の変換で式の形が保たれる関数を言います。ラマヌジャンが保型形式Δに関して提示した予想は、モーデルが解決するまで40年もの歳月を要し、その過程で数学界に豊かな実りをもたらしました。これら保型形式の研究がめぐりめぐって、350年の難問「フェルマーの大定理」の解決に結びつくことになったのです。

証明なしに「独自の感覚」で定理を発見するラマヌジャンは、数学の歴史でも稀に見る特異な数学者だったと言えるでしょう。

チェビシェフ第1関数と　チェビシェフ第2関数

ラマヌジャンの証明は、チェビシェフ関数を駆使します。これらはすでに、三段編で解説してありますが、簡単に復習しておきましょう。

チェビシェフ第1関数は、$\theta(x)$ という記号で表され、「x 以下の全素数について、その対数を足し合わせたもの」と定義されました。数学記号を使って表すと、

$$\theta(x) = \sum_{素数 p \leqq x} \log p$$

です（Σは総和を表す）。

チェビシェフ第1関数 $\theta(x)$ は、「x 以下の素数の個数」を表す $\pi(x)$ とは異なりますが、おおよそ似たような性質のものだと言うことができます。実際、「n より大きく $2n$ 以下の素数が

必ず存在する」を$\pi(x)$で表せば、

$$\pi(2n) - \pi(n) > 0$$

となります。これは「$2n$以下の素数の個数から、n以下の素数の個数を引いても、まだ1個以上は残る」という意味の式となるからです。他方、チェビシェフ第1関数$\theta(x)$で表せば、

$$\theta(2n) - \theta(n) > 0$$

と同様の不等式になります。$\theta(2n) - \theta(n)$はnより大きく$2n$以下の「素数の対数」の総和となるから、これが正なら、nより大きく$2n$以下に素数が存在することになるからです。

次に、チェビシェフ第2関数$\psi(x)$を復習しましょう。これは、

「x以下に素数pのべきp^a $(a \geqq 1)$があるごとに$\log p$を加えた総和」

でした。式で書けば、

$$\psi(x) = \sum_{p^a \leqq x,\ p\text{は素数}} \log p$$

となります。チェビシェフ第2関数$\psi(x)$をベルトラン予想と結びつけるのは、上記ほど直接的ではありませんが、ラマヌジャンは、

$$\psi(x) - \psi\left(\frac{x}{2}\right),\ \ \psi\left(\frac{x}{1}\right) - \psi\left(\frac{x}{2}\right) + \psi\left(\frac{x}{3}\right)$$

を評価することで、ベルトラン予想を解決しました。順を追ってその証明法を解説します。

ここでは、チェビシェフ第1関数$\theta(x)$とチェビシェフ第2関数$\psi(x)$を関係付けておきましょう。あとで証明に利用される等式です。以下の式になります。

$$\psi(x)=\theta(x)+\theta(x^{\frac{1}{2}})+\theta(x^{\frac{1}{3}})+\theta(x^{\frac{1}{4}})+\cdots \qquad \cdots\cdots(☆)$$

ここで、$x^{\frac{1}{2}}$はxの平方根$\sqrt{x}$、$x^{\frac{1}{3}}$はxの立方根$\sqrt[3]{x}$、…等々です。この等式が成り立つ理由を説明します。

$\theta(x^{\frac{1}{2}})$は、$x^{\frac{1}{2}}$以下の素数pごとに$\log p$を加えた総和ですが、これは$p^2 \leqq x$ごとに$\log p$を加えた総和と同じです。$\theta(x^{\frac{1}{3}})$や$\theta(x^{\frac{1}{4}})$についても同様ですから、右辺は「x以下に素数pのべき$p^a(a \geqq 1)$があるごとに$\log p$を加えた総和」となることになり、$\psi(x)$と一致します。

ラマヌジャンが実際に証明したのはベルトラン予想そのものですが、本書では都合上、以下のように少し弱い形の定理を証明します([14]を参考にした)。

〈弱いベルトラン予想〉

十分大きな任意の自然数nに対して、nより大きく$2n$以下の素数が必ず存在する。

証明のナビを見ておく

「弱いベルトラン予想」の証明は、本書でとりわけ長い道のりになるので、最初にその「証明のナビ」を与えておくことにします。

証明の決め手になるのは、

$$\frac{\log 2}{3}x-(2\log 2x)\sqrt{x}+O\left((\log x)^2\right)\leqq \theta(x)-\theta\left(\frac{x}{2}\right)$$

という不等式です。右辺は、前節で紹介したように、$\frac{x}{2}$より大きくx以下の素数の対数の和です。左辺は、ある程度大きいxに対しては、最初の項(xの1次関数)が支配します。すると、ある程度大きいxに対しては、明らかに正です。したがって、この不等式が証明できれば「弱いベルトラン予想」が証明されることになります。

この不等式を手に入れるために、次のステップを踏みます。

(ステップ1) 関数$T(x)=\log 1+\log 2+\log 3+\cdots+\log[x]$を計算する。

(ステップ2) 関数$T(x)$と$\psi(x)$とを関係付ける。

(ステップ3) 関数$T(x)$を積分を使って近似する。

(ステップ4) $\psi\left(\frac{x}{1}\right)-\psi\left(\frac{x}{2}\right)$と$\psi\left(\frac{x}{1}\right)-\psi\left(\frac{x}{2}\right)+\psi\left(\frac{x}{3}\right)$を評価する。

(ステップ5) $\theta(x)-\theta\left(\frac{x}{2}\right)$について、上記の不等式を示す。

このナビの案内にしたがって、いざ、目的地めざして険しい山道を進んでいきましょう。

階乗数の素因数分解

ラマヌジャンのアプローチのポイントは、次の関数$T(x)$を2通りに分析することです。

$$T(x)=(x\text{以下の自然数の対数の総和})$$
$$=\log 1+\log 2+\log 3+\cdots+\log[x]$$

ここで、$[x]$は「ガウス記号」と呼ばれ、「xを超えない最大の整数」、いわゆる「整数部分」を表します。例えば、$[3.7]=3$とか$[7]=7$のようになります。

対数法則を用いれば、

$$T(x)=\log 1+\log 2+\log 3+\cdots+\log[x]$$
$$=\log(1\cdot 2\cdot 3\cdots[x])=\log([x]!)$$

となりますから（階乗記号$n!$については94ページ参照のこと）、ラマヌジャンのアプローチを理解するために、まず、$n!$の素因数分解の方法を解説しましょう。これは中学や高校の数学の問題に登場するものです。

例えば、20!（$=1\times 2\times 3\times\cdots\times 20$）を素因数分解するとき、素数2の指数がいくつになるかを決定してみましょう。

表9-1を見てください。この表は、20までの各偶数が2の何乗でちょうど割り切れるかを表すものです。例えば、12は2^2でちょうど割り切れるので、○が2個ついています。16は2^4でちょうど割り切れるので、○が4個ついています。

表9-1

	1	2	3	4	5	6	7	8	9	10	11	12	13	14	15	16	17	18	19	20
2の倍数		○		○		○		○		○		○		○		○		○		○
4の倍数				○				○				○				○				○
8の倍数								○								○				
16の倍数																○				

20!を素因数分解をしたとき、2の指数がいくつになるかは、表中の○の総数になります。なぜなら、2は2^1でちょうど割り切れ、4は2^2でちょうど割り切れ、6は2^1でちょうど割り切れ、8は2^3でちょうど割り切れ、…となっているので、指数法則から、

20!は、$2^1\times2^2\times2^1\times2^3\cdots=2^{1+2+1+3+\cdots}$でちょうど割り切れる

となり、指数は○の総数、1+2+1+3+1+2+1+4+1+2=18、と一致します。

ここで注目したいのは、○の総数をカウントする別の方法があることです。今は、「縦に○の個数をカウントして、それを横向きに集計する」ということをやって、1+2+1+3+…と計

算したのですが、「横に○の個数をカウントして、縦向きの集計する」ということでもカウントできます。実は、この「横に○の個数をカウントする」のは、非常に巧妙な方法なのです。

2段目を見てください。2段目の○はすべて、偶数の場所についています。したがって、2段目の○の個数は、20÷2=10個と計算できます。nが2で割り切れない場合も考えて、小数部分を削除するガウス記号を用いれば、

$$(2段目の○の個数)=(n以下の偶数の個数)=\left[\frac{n}{2}\right]$$

となります。同様にして、表の3段目の○は4の倍数のところについています。3段目に○がつくということは、その数が少なくとも2×2を約数にもっているからです。すると、

$$(3段目の○の個数)=(n以下の4の倍数の個数)=\left[\frac{n}{4}\right]$$

同様にして、

$$(4段目の○の個数)=(n以下の8の倍数の個数)=\left[\frac{n}{8}\right]$$
$$(5段目の○の個数)=(n以下の16の倍数の個数)=\left[\frac{n}{16}\right]$$

などとなります。

以上のことから、$n!$を素因数分解したときの2の指数は、

$$\left[\frac{n}{2}\right]+\left[\frac{n}{4}\right]+\left[\frac{n}{8}\right]+\cdots+\left[\frac{n}{2^k}\right]+\cdots$$

で計算することができます。これは無限和に見えますが、$\dfrac{n}{2^k}$が1未満になれば整数部分$\left[\dfrac{n}{2^k}\right]$の値は0ですから、実質的には有限和です。

$n=20$に対して、具体的に計算してみると、

$$\left[\frac{20}{2}\right]+\left[\frac{20}{4}\right]+\left[\frac{20}{8}\right]+\left[\frac{20}{16}\right]=10+5+2+1=18$$

これは確かに○の総数と一致しています。これから、20!の素因数分解の素数2に関する部分が2^{18}であることがわかります。

以上の議論から、$n!$の素因数分解の素数pに対する指数が、

$$\left[\frac{n}{p}\right]+\left[\frac{n}{p^2}\right]+\left[\frac{n}{p^3}\right]+\cdots+\left[\frac{n}{p^k}\right]+\cdots$$

となることもわかります。

$T(x)$と$\psi(x)$の関係を発見する

前節で定義した、

$$\begin{aligned} T(x) &= (x\text{以下の自然数の対数の総和}) \\ &= \log 1+\log 2+\log 3+\cdots+\log\,[x] \end{aligned}$$

に関して、ラマヌジャンはチェビシェフ第2関数$\psi(x)$との面白い関係を発見しました。それは次の関係式です。

$$T(x)=\psi\left(\frac{x}{1}\right)+\psi\left(\frac{x}{2}\right)+\psi\left(\frac{x}{3}\right)+\cdots+\psi\left(\frac{x}{k}\right)+\cdots$$

この右辺も、無限和ではなく実質的に有限和です（$\dfrac{x}{k}$が1以下になれば値は0となる）。

以下、この公式を証明しますが、まず、$\psi(x)$の定義、

「x以下に素数pのべきp^a（$a \geqq 1$）があるごとに$\log p$を加えた総和」

を思い出してください。今、感覚を得るために、$x=20$として$\psi\left(\dfrac{20}{k}\right)$においてlog2が何個足し算されるかを計算してみましょう。

> $k=1$として、$\psi\left(\dfrac{20}{1}\right)$では、20以下の2のべきである、$2^1, 2^2, 2^3, 2^4$, に対してlog2が足し算されますから、4個足し算されます。
>
> $k=2$として、$\psi\left(\dfrac{20}{2}\right)$では、$\dfrac{20}{2}$以下の2のべきである、$2^1, 2^2, 2^3$, に対してlog2が足し算されますから、3個足し算されます。
>
> $k=3$として、$\psi\left(\dfrac{20}{3}\right)$では、$\dfrac{20}{3}$以下の2のべきである、$2^1, 2^2$, に対してlog2が足し算されますから、2個足し算されます。

以上のことを主客を逆転させ、2のべきを主人公にして見直してみます。上述のように各kについて$2^1, 2^2, 2^3, \cdots$の数列の中で$20/k$以下のものが何個あるかを教える代わりに、2^aがカウントされるkの値の方を数えてみましょう。

例えば、2^2から何個のkに対して$\log 2$の足し算が実現するかを考えましょう。このことが起きるのは、

$$2^2 \leqq \frac{20}{k}$$

を満たす各kに対してです。この不等式は、

$$k \leqq \frac{20}{2^2}$$

と書き換えることができますから、$\frac{20}{2^2}=5$を考慮して、$k \leqq 5$なる各kに対して、すなわち、$k=1, 2, 3, 4, 5$に対して、5個の$\log 2$の足し算が実現します。これを一般化すれば、

$\psi\left(\frac{20}{k}\right)$に対して、$2^a$から$\log 2$の足し算が実現するのは、

$$2^a \leqq \frac{20}{k}$$

を満たす各kに対してですから、

$$k \leqq \frac{20}{2^a}$$

を満たす各kに対して、ということになります。この個数は、ガウス記号を使って、

$$\left[\frac{20}{2^a}\right]$$

と表すことができます。したがって、

$$\psi\left(\frac{x}{1}\right)+\psi\left(\frac{x}{2}\right)+\psi\left(\frac{x}{3}\right)+\cdots+\psi\left(\frac{x}{k}\right)+\cdots$$

に現れる$\log 2$の総和は

$$\left(\left[\frac{x}{2^1}\right]+\left[\frac{x}{2^2}\right]+\left[\frac{x}{2^3}\right]+\cdots\right)\log 2$$

ということになります。一般には、

$$\psi\left(\frac{x}{1}\right)+\psi\left(\frac{x}{2}\right)+\psi\left(\frac{x}{3}\right)+\cdots+\psi\left(\frac{x}{k}\right)+\cdots$$

に現れる$\log p$の総和は

$$\left(\left[\frac{x}{p^1}\right]+\left[\frac{x}{p^2}\right]+\left[\frac{x}{p^3}\right]+\cdots\right)\log p$$

となります。

さて、ここで、前節の

$$(n!\text{を素因数分解したときの素数}p\text{の指数})$$
$$=\left[\frac{n}{p}\right]+\left[\frac{n}{p^2}\right]+\left[\frac{n}{p^3}\right]+\cdots+\left[\frac{n}{p^k}\right]+\cdots$$

という公式を思い出してください。

$$\begin{aligned}T(n)&=(n\text{以下の自然数の対数の総和})\\&=\log 1+\log 2+\log 3+\cdots+\log n\\&=\log(1\cdot 2\cdot 3\cdots n)=\log(n!)\end{aligned}$$

でした。したがって、$n!=2^m\times\cdots$という素因数分解に対しては、対数法則によって、

$$\log\,(n!) = \log 2^m + \cdots = m\,\log 2 + \cdots$$

となります。ここで、前節の公式から、指数mは、

$$m = \left[\frac{n}{2^1}\right] + \left[\frac{n}{2^2}\right] + \left[\frac{n}{2^3}\right] + \cdots$$

ですから、$m\,\log 2$は、

$$\psi\left(\frac{n}{1}\right) + \psi\left(\frac{n}{2}\right) + \psi\left(\frac{n}{3}\right) + \cdots + \psi\left(\frac{n}{k}\right) + \cdots$$

に現れる$\log 2$の総和、

$$\left(\left[\frac{n}{2^1}\right] + \left[\frac{n}{2^2}\right] + \left[\frac{n}{2^3}\right] + \cdots\right)\log 2$$

に一致しています。この式は整数nを一般の実数xにしても成立し、また一般の素数pに対しても成立しますから、

$$T(x) = \psi\left(\frac{x}{1}\right) + \psi\left(\frac{x}{2}\right) + \psi\left(\frac{x}{3}\right) + \cdots \quad + \psi\left(\frac{x}{k}\right) + \cdots \qquad \cdots\cdots①$$

が証明されたことになります（$T(x) = T([x])$, $\psi\left(\frac{x}{k}\right) = \psi\left(\frac{[x]}{k}\right)$だから）。

$T(x)$の値を近似する

前節で、$T(x)$とチェビシェフ第2関数$\psi(x)$とを関係付けることができましたが、ラマヌジャンの証明を実現するために

は、$T(x)$をもっとわかりやすい関数で表現する必要があります。この節では、次の近似式を証明することを目指します。

$$T(x) = x\log x - x + O(\log x) \qquad \cdots\cdots②$$

ここで、$O(\log x)$は八段編で解説したランダウ記号です。$O(\log x)$は「たかだか$\log x$の定数倍程度で抑えられる関数」ということを表しています。したがって、この式が意味するのは、

「$T(x)$と$x\log x - x$との隔たりは、

たかだか$\log x$の定数倍程度である」

ということです。

実感を得るために、$x=10$としてみると、

$$T(x) = \log(10!) = 15.1004$$
$$10\log 10 - 10 = 13.0258$$
$$\log 10 = 2.3025$$

ですから、上記の近似でだいたい合っていることが確かめられます。

この近似式は、$y=\log x$のグラフと積分計算から証明されます。

図9-1

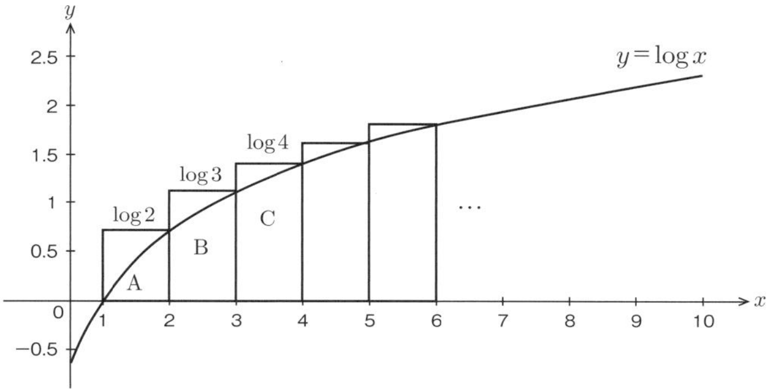

図9-1の曲線は、関数

$$y = \log x$$

のグラフです。すると、長方形Aの高さはlog2、長方形Bの高さはlog3、長方形Cの高さはlog4、…という具合になります。このことから、

$$T(x) = \log 1 + \log 2 + \log 3 + \cdots + \log n$$

の値は（$\log 1 = 0$に注意すれば）、

（長方形Aの面積）+（長方形Bの面積）+（長方形Cの面積）+ …
+（nのところの長方形の面積）

となります。図9-1からこの和は、「1からnまで$y=\log x$とx軸とが囲む領域の面積」より少しだけ大きいということがわかります。すなわち、

$$T(n) = [(1\text{から}n\text{まで}\log x\text{と}x\text{軸とが囲む領域の面積}) + (\text{長方形のはみだし部分の面積})]$$

ということです。ここで、「1からnまで$y=\log x$とx軸とが囲む領域の面積」は積分を使って、

$$\int_1^n \log x\,dx$$

で計算できます。積分は、八段編で解説したように、原始関数を見つければ計算できます。

天下り的ですが、

$$g(x) = x\log x - x$$

とおくと、その微分は(201ページの(3)(4)の公式より)、

$$g'(x) = (x)'\log x + x(\log x)' - (x)'$$
$$= \log x + x\frac{1}{x} - 1 = \log x$$

となるので、$\log x$の原始関数がこの$g(x)$だとわかります。したがって、

$$\int_1^n \log x dx = g(n) - g(1) = n\log n - n + 1$$

となります。これから、

(1からnまで$\log x$とx軸とが囲む領域の面積)$=n\log n - n + 1$

とわかりました。

次に、「長方形のはみだし部分の面積」について見積もってみましょう。

図9-2

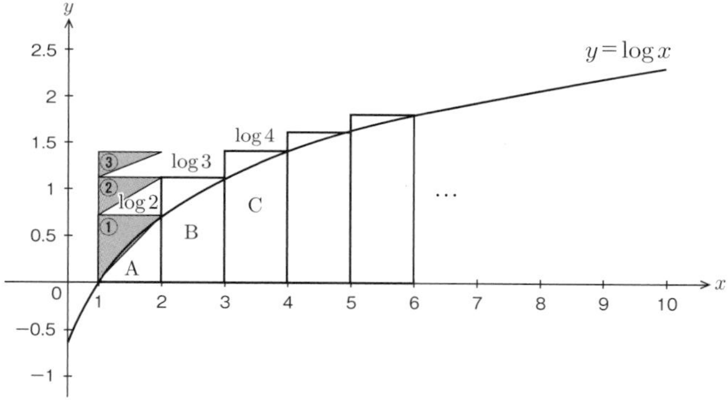

図9-2を見てください。網掛けの三角形は、各長方形が曲線からはみ出た部分を三角形と見なして、一斉に左に寄せたものです。①の三角形は長方形Aが曲線からはみ出た部分よりちょっとだけ大きい面積を持ちます。②の三角形は長方形Bが曲線からはみ出た部分よりちょっとだけ大きい面積を持ちます。③の三角形は長方形Cが曲線からはみ出た部分よりちょっとだけ大きい面積を持ちます。そして、これらの三角形は、高さ$\log n$の位置まで積みあがることがわかります。すなわち、これらの三角形は底辺が$1 \leqq x \leqq 2$で、高さが$\log n$の長方形の中にはまっているわけです。各三角形をもう一個ずつはめこめば、この長方形をぴったり埋め尽くすことになるので、

（三角形①の面積）＋（三角形②の面積）＋（三角形③の面積）＋ ⋯

$$= \frac{1}{2}\log n$$

となります。つまり、「長方形のはみだし部分の面積」はおおよそ $\frac{1}{2}\log n$ と見積もることができます。以上から、

$$T(x) = x\log x - x + O(\log x)$$

が示されました（$n\log n - n + 1$ の $+1$ は $1 + O(\log x) = O(\log x)$ として消えてしまいます）。

チェビシェフ第2関数を評価する

ここからのラマヌジャンの式変形が神がかっています。

まず、前節の式②、

$$T(x) = x\log x - x + O(\log x)$$

の x を $\frac{x}{2}$ に置き換えます。

$$T\left(\frac{x}{2}\right) = \frac{x}{2}\log\frac{x}{2} - \frac{x}{2} + O\left(\log\frac{x}{2}\right)$$

この式を辺々2倍して、

$$2T\left(\frac{x}{2}\right) = x\log\frac{x}{2} - x + 2O\left(\log\frac{x}{2}\right)$$

ここで、対数法則から、

$$\log\frac{x}{2} = \log x - \log 2$$

となるので、ランダウ記号については、

$$2O\left(\log \frac{x}{2}\right)=2O(\log x-\log 2)=O(\log x)$$

となります。これは、「たかだか$\log x-\log 2$の定数倍の関数は、たかだか$\log x$の定数倍の関数、2倍してもたかだか$\log x$の定数倍の関数」ということで、直感的に理解できるでしょう。

これらの式から、

$$T(x)-2T\left(\frac{x}{2}\right)=(\log 2)x+O(\log x) \qquad \cdots\cdots③$$

が得られます。$(\log 2)x$が1次関数であることがこのあと大事になります$(O(\log x)-O(\log x)=O(\log x))$。

他方、前々節の①式、

$$T(x)=\psi\left(\frac{x}{1}\right)+\psi\left(\frac{x}{2}\right)+\psi\left(\frac{x}{3}\right)+\cdots+\psi\left(\frac{x}{k}\right)+\cdots$$

のxを同じように$\frac{x}{2}$に置き換えます。

$$T\left(\frac{x}{2}\right)=\psi\left(\frac{x}{2}\right)+\psi\left(\frac{x}{4}\right)+\psi\left(\frac{x}{6}\right)+\cdots+\psi\left(\frac{x}{2k}\right)+\cdots$$

そして、同じように、2倍しましょう。

$$2T\left(\frac{x}{2}\right)=2\psi\left(\frac{x}{2}\right)+2\psi\left(\frac{x}{4}\right)+2\psi\left(\frac{x}{6}\right)+\cdots+2\psi\left(\frac{x}{2k}\right)+\cdots$$

右辺の分数の分母がすべて偶数であることに注目してください。最初の式からこの式を引き算すると、分母が偶数のところ

だけマイナスになります。すなわち、

$$T(x)-2T\left(\frac{x}{2}\right)=\psi\left(\frac{x}{1}\right)-\psi\left(\frac{x}{2}\right)+\psi\left(\frac{x}{3}\right)-\psi\left(\frac{x}{4}\right)+\cdots+(-1)^{k-1}\psi\left(\frac{x}{k}\right)+\cdots \quad \cdots\cdots④$$

となります。

$$\psi\left(\frac{x}{1}\right)-\psi\left(\frac{x}{2}\right)\geqq 0,\ \psi\left(\frac{x}{3}\right)-\psi\left(\frac{x}{4}\right)\geqq 0,\cdots$$

から、④の右辺の第3項以降は0以上とわかるので、

$$T(x)-2T\left(\frac{x}{2}\right)\geqq\psi\left(\frac{x}{1}\right)-\psi\left(\frac{x}{2}\right)$$

が得られます。前節の式③を用いれば、

$$(\log 2)x+O(\log x)\geqq\psi\left(\frac{x}{1}\right)-\psi\left(\frac{x}{2}\right) \qquad \cdots\cdots\ (⑤-1)$$

となります。ここで、再び、xを$\frac{x}{2}$に置き換えると、

$$(\log 2)\frac{x}{2}+O\left(\log\frac{x}{2}\right)\geqq\psi\left(\frac{x}{2}\right)-\psi\left(\frac{x}{4}\right) \qquad \cdots\cdots\ (⑤-2)$$

さらに、この式において、xを$\frac{x}{2}$に置き換えると、

$$(\log 2)\frac{x}{4}+O\left(\log\frac{x}{4}\right)\geqq\psi\left(\frac{x}{4}\right)-\psi\left(\frac{x}{8}\right) \qquad \cdots\cdots\ (⑤-3)$$

以下同様に、xを$\frac{x}{2}$に置き換えた式を作っていきます。そして、これらの式(⑤-1)、式(⑤-2)、式(⑤-3)、……という無限個の不等式を辺々加え合わせると、右辺で打ち消し合いが

起きて、

$$(\log 2)\left(x+\frac{x}{2}+\frac{x}{4}+\frac{x}{8}+\cdots\right)+O\left(\log x+\log\frac{x}{2}+\log\frac{x}{4}+\log\frac{x}{8}+\cdots\right)$$
$$\geqq \psi(x)$$

……⑥

が得られます。

左辺第1項は、六段編（141ページ）で解説した通り、

$$x+\frac{x}{2}+\frac{x}{4}+\cdots=2x$$

となります。引き続いて、第2項を見積もります。$\frac{x}{2^k}<1$のときは$T\left(\frac{x}{2^k}\right)=0$だから第2項は実質的に$x\geqq 2^k$なる$k$のみに対する和です。$\log\left(\frac{x}{2^k}\right)=\log x-k\log 2$より

$$\log x\geqq k\log 2$$

したがって、このようなkはおおよそ$\left(\frac{\log x}{\log 2}\right)$個だとわかります。

これから、第2項について、

$$O\left(\log x+\log\frac{x}{2}+\log\frac{x}{4}+\cdots\right)=O(\log x)\times\left(\frac{\log x}{\log 2}\right)=O\left((\log x)^2\right)$$

と見積もることができます。これらを式⑥に代入すれば、

$$\psi(x)\leqq(2\log 2)x+O\left((\log x)^2\right)\qquad\cdots\cdots⑦$$

という評価式が得られました。

再度、式④に戻りましょう。これを、

$$T(x)-2T\left(\frac{x}{2}\right)$$
$$=\psi\left(\frac{x}{1}\right)-\psi\left(\frac{x}{2}\right)+\psi\left(\frac{x}{3}\right)-\left(\psi\left(\frac{x}{4}\right)-\psi\left(\frac{x}{5}\right)\right)-\left(\psi\left(\frac{x}{6}\right)-\psi\left(\frac{x}{7}\right)\right)-\cdots$$

と変形すれば、右辺のカッコたちについて、

$$\psi\left(\frac{x}{4}\right)-\psi\left(\frac{x}{5}\right)\geqq 0,\quad \psi\left(\frac{x}{6}\right)-\psi\left(\frac{x}{7}\right)\geqq 0,\ \cdots$$

だから、

$$T(x)-2T\left(\frac{x}{2}\right)\leqq\psi\left(\frac{x}{1}\right)-\psi\left(\frac{x}{2}\right)+\psi\left(\frac{x}{3}\right)$$

が得られます。式③から、

$$(\log 2)x+O(\log x)\leqq\psi\left(\frac{x}{1}\right)-\psi\left(\frac{x}{2}\right)+\psi\left(\frac{x}{3}\right)\qquad\cdots\cdots⑧$$

他方、式⑦の x を $\frac{x}{3}$ に置き換えて、

$$\psi\left(\frac{x}{3}\right)\leqq(2\log 2)\,\frac{x}{3}+O\left(\left(\log\ \frac{x}{3}\right)^2\right)=\frac{2\log 2}{3}\,x+O((\log x)^2)$$

となります。最後のランダウ記号は、$\log\ \frac{x}{3}=\log x-\log 3$ からわかります。移項によって、

$$-\frac{2\log 2}{3}\,x-O((\log x)^2)\leqq-\psi\left(\frac{x}{3}\right)\qquad\cdots\cdots⑨$$

式⑧と式⑨を辺々加え合わせて、

$$\frac{\log 2}{3}\,x+O((\log x)^2)\leqq\psi(x)-\psi\left(\frac{x}{2}\right)\qquad\cdots\cdots⑩$$

が得られます。ランダウ記号の部分は、$\log x$ よりも $(\log x)^2$ の方が支配的であることと、$-O((\log x)^2)=O((\log x)^2)$ から得られます（$f(x)=O(h(x))$ は $-A|h(x)| \leqq f(x) \leqq A|h(x)|$ を意味する。したがって、$-A|h(x)| \leqq -f(x) \leqq A|h(x)|$ だから $-f(x)=O(h(x))$ となって、$f(x)=-O(h(x))$ です）。

証明を完成しよう

いよいよ「弱いベルトラン予想」を解決しましょう。目標は、ナビのステップ5の通り、

$$\theta(x)-\theta\left(\frac{x}{2}\right) > 0$$

という不等式を証明することです。

前節で得た $\psi(x)$ に関する不等式を $\theta(x)$ に関する不等式に変換するために、最初のほうの節で提示した関係式（☆）を利用します。再掲すれば、

$$\psi(x)=\theta(x)+\theta(x^{\frac{x}{2}})+\theta(x^{\frac{x}{3}})+\theta(x^{\frac{x}{4}})+\cdots \qquad \cdots\cdots (☆)$$

これに対して、$T(x)-2T\left(\frac{x}{2}\right)$ を作ったときと同じアプローチをします。

（☆）の x を $x^{\frac{x}{2}}$ に置き換えます。

$$\psi(x^{\frac{1}{2}}) = \theta(x^{\frac{1}{2}}) + \theta(x^{\frac{1}{4}}) + \theta(x^{\frac{1}{6}}) + \theta(x^{\frac{1}{6}}) + \cdots$$

これを2倍した式を上記の（☆）から引き算すれば、

$$\psi(x) - 2\psi(x^{\frac{1}{2}}) = \theta(x) - \theta(x^{\frac{1}{2}}) + \theta(x^{\frac{1}{3}}) - \theta(x^{\frac{1}{4}}) + \cdots$$

$T(x) - 2T\left(\frac{x}{2}\right)$のときと同じ議論から、$x^{\frac{1}{2}} = \sqrt{x}$に注意して、

$$\psi(x) - 2\psi(\sqrt{x}) \leqq \theta(x)$$

また、明らかに$\theta(x) \leqq \psi(x)$（素数べきについて加える分だけ大きい）ですから、

$$\psi(x) - 2\psi(\sqrt{x}) \leqq \theta(x) \leqq \psi(x) \qquad \cdots\cdots ⑪$$

という不等式が得られます。

ここで前節最後に得られた不等式⑩を呼び起こしましょう。

$$\frac{\log 2}{3}x + O((\log x)^2) \leqq \psi(x) - \psi\left(\frac{x}{2}\right) \qquad \cdots\cdots ⑩$$

式⑪から、$\psi(x) \leqq \theta(x) + 2\psi(\sqrt{x})$ですから、これを代入して、

$$\psi(x) - \psi\left(\frac{x}{2}\right) \leqq \theta(x) + 2\psi(\sqrt{x}) - \psi\left(\frac{x}{2}\right)$$

また、同じ⑪から、$-\psi(x) \leqq -\theta(x)$、とした上で$x$を$\frac{x}{2}$に置き換えて、

$$-\psi\left(\frac{x}{2}\right) \leqq -\theta\left(\frac{x}{2}\right)$$

これを上の不等式に用いれば、

$$\psi(x)-\psi\left(\frac{x}{2}\right) \leqq \theta(x)+2\psi(\sqrt{x})-\theta\left(\frac{x}{2}\right)$$

これから、

$$\psi(x)-\psi\left(\frac{x}{2}\right)-2\psi(\sqrt{x}) \leqq \theta(x)-\theta\left(\frac{x}{2}\right) \qquad \cdots\cdots ⑫$$

ここで式⑦をもう一度呼び起こし、

$$\psi(x) \leqq (2\log 2)x+O((\log x)^2)$$

xを$\sqrt{x}$に置き換えれば、

$$\psi(\sqrt{x}) \leqq (2\log 2)\sqrt{x}+O((\log\sqrt{x})^2)$$

ここで、$-O((\log\sqrt{x})^2)=O((\frac{1}{2}\log x)^2)=O((\log x)^2)$ に注意すれば、

$$-(2\log 2)\sqrt{x}+O((\log x)^2) \leqq -\psi(\sqrt{x}) \qquad \cdots\cdots ⑬$$

式⑩、⑫、⑬から

$$\frac{\log 2}{3}x-(4\log 2)\sqrt{x}+O((\log x)^2) \leqq \theta(x)-\theta\left(\frac{x}{2}\right)$$

これでやっと、ナビのステップ5に到着しました。

ある程度大きいxでは、xは$\sqrt{x}$に比べて圧倒的に大きく、かつ、$O((\log x)^2)$の影響は無視できます。したがって、ある程度大きいxでは、左辺はプラスの値になります。そればかりかxとともに増加することもわかります。このことから、十分大きいxでは、$\theta(x)-\theta\left(\frac{x}{2}\right)$は正であり、$x$とともに増加します。したがって、十分大きな任意の自然数nに対して、nより大きく$2n$以下の素数が必ず存在することがわかります。それどころか、nより大きく$2n$以下の素数の個数はnとともにどんどん増加することまでわかります。

以上が、ラマヌジャンによる「弱いベルトラン予想」の証明です。近似の部分（ランダウ記号の部分）の違いを除けば、ラマヌジャンの方法そのものです。近似の部分をラマヌジャンのもの（「スターリンの公式」と呼ばれるもの）に置き換えれば、「弱い」のないベルトラン予想（任意の自然数nに関する予想）の証明になります。

ここまでかなり長いステップを経ましたが、それは丁寧に解説したからで、すっきり書けばA4二枚程度で済む証明です。実際、ラマヌジャンの証明はそのくらいの分量です。理解できた人は、ラマヌジャンのほとばしる才気に舌を巻くことでしょう。

複素数上の微分積分

A級編

このA級編では、名人編で必要となる「複素関数の微分積分」について解説します。ただし、ページ数の関係から、網羅的でも教育的でもありません。厳密性は大きく犠牲にしています。ですから、きちんと知りたい人は専門書にあたって下さい。

（A級その1）三角関数と複素数

八段編では、指数関数と対数関数は定義しましたが、三角関数（サイン・コサイン）には触れませんでした。ここでは、複素数との関係で解説しましょう。

座標平面での単位円（中心が原点Oで半径が1の円）の動径が図のようにOAからθだけ回転したときのx座標が$\cos\theta$、y座標が$\sin\theta$と定義されます（図 A-1）。ちなみに、角度は弧APの長さの数値で表され、「ラジアン」という単位となっています。

図 A-1

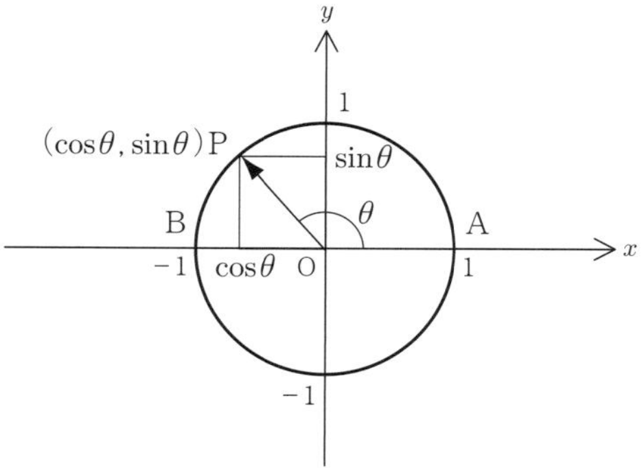

例えば、動径の先端が点Bまで来たときは、回転角は半円の弧ABの長さの数値となることから$\theta=\pi$ラジアンです。したがって、点Bの座標から、$\cos\pi=-1$, $\sin\pi=0$となります。

三角関数を用いると、複素数zを「極座標表示」することができます。極座標表示とは、「原点からの距離」と「偏角」（動径の回転角）で表すことです（図 A-2）。

図 A-2

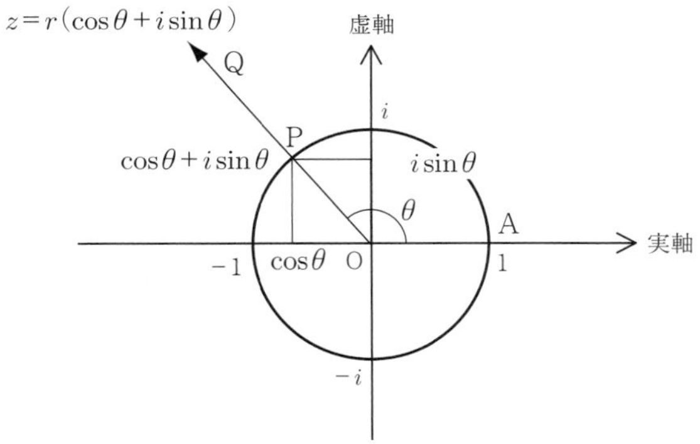

複素数zの原点から距離r（OQの長さ）を$|z|$と記し、zの「絶対値」と呼びます。また、OQが実軸と成す角度θをzの「偏角」と呼びます。このとき、図 A-2から明らかなように、

$$z=r(\cos\theta+i\sin\theta)$$

と表すことができます（OQはOPのr倍）。

複素数z_1の絶対値がr_1、偏角がθ_1であり、複素数z_2の絶対値がr_2、偏角がθ_2であるとします。そのとき、

積z_1z_2の絶対値はr_1r_2、積z_1z_2の偏角は$\theta_1+\theta_2$

となります。言葉で言うと、「積の絶対値は、絶対値の積」「積の偏角は、偏角の和」ということです。このことは次のように証明できます。今、$z_1=c+di$に$z_2=2+3i$を掛ける場合を考えます。

$$z_1z_2=(c+di)(2+3i)=(c+di)\times2+(c+di)\times3i$$

と分解します。まず第1項の$(c+di)\times2$は、**図 A-3**のように$(c+di)$を原点から2倍に延長した点に位置する複素数です。

図 A-3

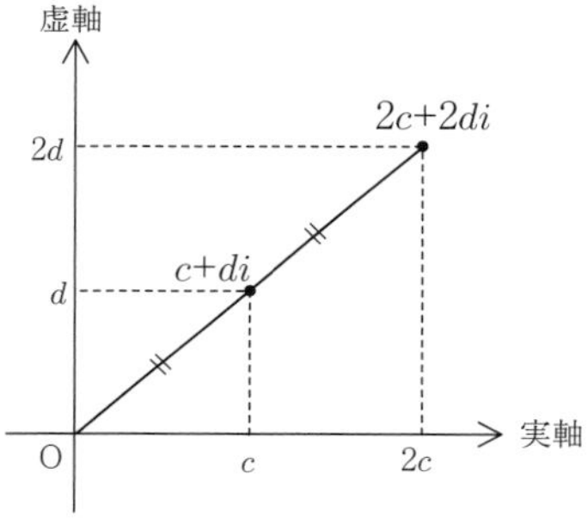

図 A-4

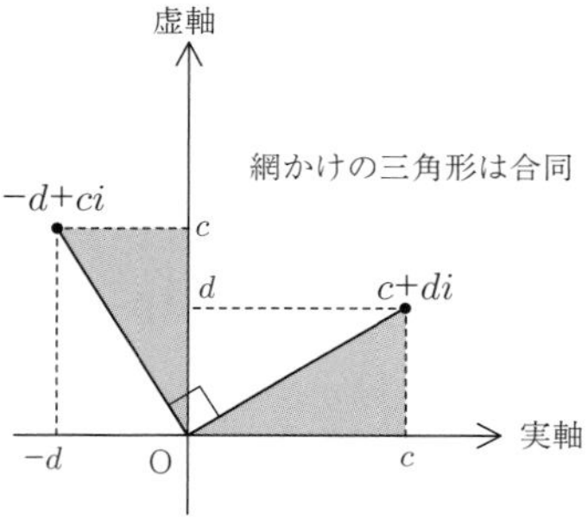

次に、第2項の$(c+di)\times3i$のiを掛ける部分$(c+di)\times i=-d+ci$だけを考えると、**図 A-4**のように、$(c+di)$を原点に関して90度回転した位置の複素数を表します。

すると、**図 A-5**において、$(c+di)\times2$は点Sの位置の複素数、$(c+di)\times3i$は点Rの位置の複素数（90度回転して3倍に延長した点）になります。したがって、この和である$(c+di)(2+3i)$は、長方形OSTRの点Tに位置する複素数です。このとき、図からわかるように、OS：ST＝2：3となっています。この比はもちろん、$2+3i$が位

図 A-5

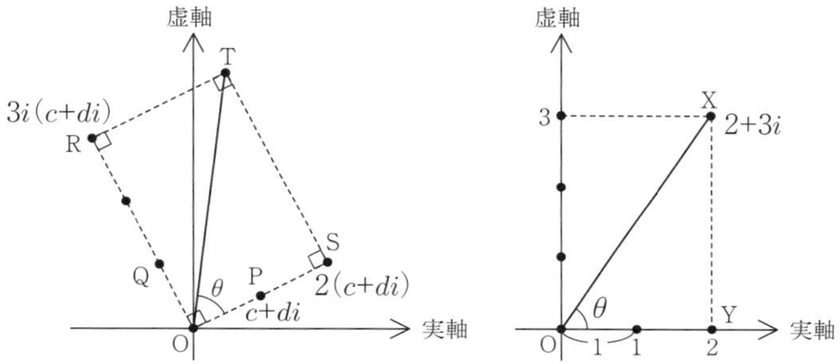

置する点Xの作る直角三角形△OXYの2辺の比OY：YXです。したがって、△OTSと△OXYは相似となります。このことから、∠TOS＝∠XOY＝(2＋3iの偏角θ)、だとわかり、

Tの位置の複素数$(c+di)(2+3i)$の偏角

＝(Sの位置の複素数$(c+di)$の偏角)

＋(Xの位置の複素数$2+3i$の偏角θ)

が示されます。さらに、絶対値については、相似形より、

$$\mathrm{OT}=\mathrm{OX}\times\mathrm{OP}$$

よって、絶対値の積となることも証明されました。

(A級その2) オイラーの公式

八段編で、$\exp x = e^x$をテイラー展開、

$$\exp x = e^x = 1 + \frac{1}{1!}x + \frac{1}{2!}x^2 + \cdots + \frac{1}{n!}x^n + \cdots$$

で定義しました。複素数zに対しても、同じように、

$$\exp z = e^z = 1 + \frac{1}{1!}z + \frac{1}{2!}z^2 + \cdots + \frac{1}{n!}z^n + \cdots \qquad \cdots\cdots①$$

と定義します。ここで、zを純虚数θi（θは実数）としたものについて次が成り立ちます。

〈オイラーの公式〉

$$e^{\theta i} = \cos\theta + i\sin\theta$$

以下、この「オイラーの公式」の直感的な証明を与えます。

まず、e^zに関する次の公式を利用します。

$$\left(1+\frac{z}{n}\right)^n \to e^z \qquad (n\to\infty)$$

これは「複素数zをn分の1にして1を加えてn乗した数は、nが十分に大きいなら、ほとんどe^zである」、ということを意味しています。この極限公式は、2項定理から簡単に納得できます。すなわち、2項定理（120ページ）で展開すると、

$$\left(1+\frac{z}{n}\right)^n = 1 + n\frac{z}{n} + \frac{n(n-1)}{2!}\frac{z^2}{n^2} + \frac{n(n-1)(n-2)}{3!}\frac{z^3}{n^3} + \cdots + \frac{z^n}{n^n}$$

となり、$n\to\infty$とすれば、

$$\frac{n(n-1)(n-2)}{n^3} = 1\cdot\left(1-\frac{1}{n}\right)\left(1-\frac{2}{n}\right) \to 1$$

などのように、nの多項式部分がすべて消えるので、各係数は$1/n!$に近づくことがわかります。これで上の極限公式が理解できました。

そこでこの極限公式を背景に、$e^{\theta i}$を$(1+\frac{\theta i}{n})^n$に置き換えて分析しましょう。

図 A-6

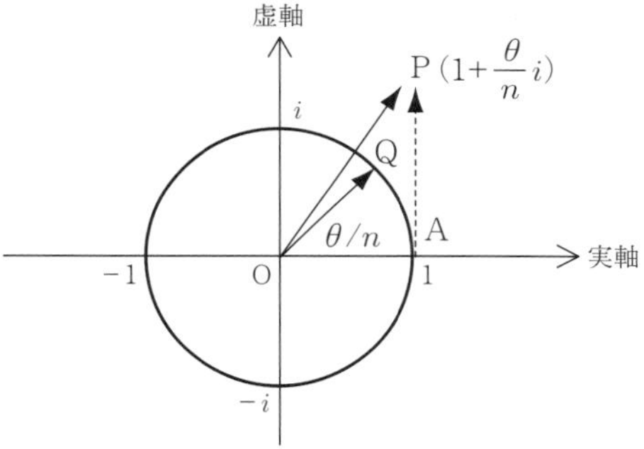

複素数$1+(\theta/n)i$は、図 A-6の点Pの位置（実軸上の1（点A）から虚軸方向にθ/nだけ進んだところ）にあります。一方、単位円の動径OQをOAから角度θ/nだけ回転した場所におきます。ラジアンの定義から弧AQの長さは、θ/nです。PとQは異なる点ですが、線分APの長さと弧AQの長さが一致していることから、nを十分に大きくすれば（θ/nが十分小さければ）、点Pと点Qは十分に近い位置になると考えられます。ここで、点Pに位置する複素数をn乗したものが$(1+\frac{\theta i}{n})^n$です。また、点Qに位置する複素数は絶対値が1で偏角がθ/nですから、それをn乗したものは、前節の法則より、絶対値が1、偏角が$(\theta/n)\times n=\theta$の複素数、$\cos\theta+i\sin\theta$となります（図 A-2における点Pの位置）。

$$\left(1+\frac{\theta i}{n}\right)^n \to e^{\theta i} \quad \text{他方で} \quad \left(1+\frac{\theta i}{n}\right)^n \to \cos\theta+i\sin\theta$$

から、

$$e^{\theta i}=\cos\theta+i\sin\theta \qquad \cdots\cdots②$$

がわかります。

オイラーの公式から、次の性質がわかります。

$e^{\theta i}$は単位円上にあり、$|e^{\theta i}|=1$かつ$e^{\theta i}$の偏角はθ

$e^{\theta i}$が単位円周上の複素数になり、θを増加させるとぐるぐると円周上を周る、というのは実に面白い事実です。これを利用すると$a+bi$（a, bは実数）に対するe^{a+bi}は、次のような意味を持つとわかります。すなわち、$e^{a+bi}=e^a e^{bi}$ですから、e^{a+bi}の絶対値がe^a、偏角がbということです。

（A級その3）指数が複素数のべき乗計算

「オイラーの公式」を利用すると、指数を複素数にしたべき乗計算が簡単になります。

例えば、複素数$z=a+bi$（a, bは実数）に対して、2^zがどうなるか、計算してみましょう。

expとlogが逆関数の関係であることから、$2=e^{\log 2}$であることに注意します。すると、

$$2^{a+bi}=2^a 2^{bi}=2^a\,(e^{\log 2})^{bi}=2^a e^{(b\log 2)i}$$

ここで「オイラーの公式」を使うと、

$$2^{a+bi}=2^a\,(\cos\,(b\log 2)+i\sin\,(b\log 2))$$

となります。

（A級その4）三角関数のテイラー展開

三角関数の微分は、「オイラーの公式」から得ることができます。θが実数のとき、

$$e^{\theta i}=\cos\theta+i\sin\theta$$

この等式の両辺をθで微分します。左辺の微分は合成関数の微分公式、右辺の微分は和の微分公式と定数倍の微分公式から得られます。

$$\text{左辺の微分}=e^{\theta i}\times i=(\cos\theta)i+(\sin\theta)i^2=-\sin\theta+i\cos\theta$$

$$\text{右辺の微分}=(\cos\theta)'+i(\sin\theta)'$$

2式を比較することによって、

$$(\cos\theta)'=-\sin\theta,\ (\sin\theta)'=\cos\theta$$

がわかります。

次に、三角関数のテイラー展開を手に入れます。e^zのテイラー展開①に$z=\theta i$を代入します。

$$e^{\theta i}=1+\frac{1}{1!}\theta i+\frac{1}{2!}(\theta i)^2+\cdots+\frac{1}{n!}(\theta i)^n+\cdots$$

$i^2=-1,\ i^3=-i,\ i^4=1,\ i^5=i$ …等から、

$$e^{\theta i}=\left(1-\frac{1}{2!}\theta^2+\frac{1}{4!}\theta^4-\frac{1}{6!}\theta^6+\cdots\right)+\left(\theta-\frac{1}{3!}\theta^3+\frac{1}{5!}\theta^5-\frac{1}{7!}\theta^7+\cdots\right)i$$

したがって、「オイラーの公式」②の右辺と比較して、

$$\cos\theta=1-\frac{1}{2!}\theta^2+\frac{1}{4!}\theta^4-\frac{1}{6!}\theta^6+\cdots \qquad \cdots\cdots③$$

これは、偶数次の項だけから成り、符合はプラス・マイナスが交互となっています。また、

$$\sin\theta = \theta - \frac{1}{3!}\theta^3 + \frac{1}{5!}\theta^5 - \frac{1}{7!}\theta^7 + \cdots \qquad \cdots\cdots④$$

これは、奇数次の項だけから成り、符合はプラス・マイナスが交互となっています。この公式④がバーゼル問題へのオイラーのアプローチ（295ページ）で利用される公式です。

（A級その5）複素関数としての対数関数

実は、複素数zを変数とする対数関数$\log z$には、扱いに細心の注意が必要です。実数のときと同様、$\log z$はe^wの逆関数で定義されますが、実数のときと異なり、値が一意に決まらないからです。

例えば、$e^{\pi i}=\cos\pi+i\sin\pi=-1$となるので、$\log(-1)=\pi i$とすればいいように思いますが、$e^{3\pi i}=\cos 3\pi+i\sin 3\pi=-1$でもあるので、$\log(-1)$として$3\pi i$も考えられます。このように複数の値を持つ関数を多価関数と呼びます。$\log z$は多価関数となるので、扱いが困難です。本書では、このことに深入りせずにおおざっぱな扱いをしていきます。

（A級その6）複素関数の微分

注意　以下、複素関数の微分積分について要約的に解説していきますが、特にこの部分は公理論的にも厳密性においても乱暴な展開をしています。このA級編の狙いは、あくまでゼータ関数と素数の関係を理解するための素材を与えることだからです。いろいろ気になる人は、複素解析の教科書（[19]、[20]）をひもといてください。

複素関数（複素数を定義域とし、値も複素数である関数）の微分も、基本的には八段編で解説した実数関数のものと同じです。ただし、複素関数のグラフには私たちの想像が及ばないので、「接線の傾き」と定義するのは適切ではありません。そこで、定義は199ページで解説した極限を採用します。すなわち、

$$\lim_{z \to a} \frac{f(z) - f(a)}{z - a}$$

を「$f(z)$の点aにおける微分係数$f'(a)$」と定義します。ただし、ここで「$z \to a$」というふうにzをaに近づけるとき、複素平面上でどんな近づけかたをしても同じ値に近づくことを要請します。

ランダウ記号を使って「近似１次関数」として定義することもできます。ただし、複素数そのものには「大きさ順」がないので、「絶対値」を使って次のように定義します。

$$f(z) = f(a) + \alpha(z - a) + O(|z - a|^2) \qquad (z \to a)$$

を成立させるαが微分係数$f'(a)$

これは、「絶対値$|f(z) - f(a) - \alpha(z - a)|$が$|z - a|^2$の定数倍で抑えられる」ことを意味する式です。

このように複素関数でも微分の定義は同じですから、微分公式（201ページ）たちもすべて同様に成立します。

（A級その7）正則関数のテイラー展開

複素関数$f(z)$に対して、複素平面上の領域D（図A-7のような形のもの）のすべての点において微分係数が存在するとき、$f(z)$を「D上の正則関数」といいます。実は正則関数は、領域Dのすべての点においてテイラー展開ができることがわかっています。詳しく言うと、

aに依存して決まる係数$a_0, a_1, a_2, \cdots$が存在して、

$$f(z)=a_0+a_1(z-a)+a_2(z-a)^2+a_3(z-a)^3+\cdots \qquad \cdots\cdots⑤$$

が成り立つということです。右辺の無限和は、aを中心とする領域D内の円に対して、その周および内部のすべての点zで値を持ちます。この「1回微分できればテイラー展開できる」という性質は、実数関数では成り立たない性質なので、複素数というのがいかに調和のとれた数世界であるかが思い知らされます。

図 A-7

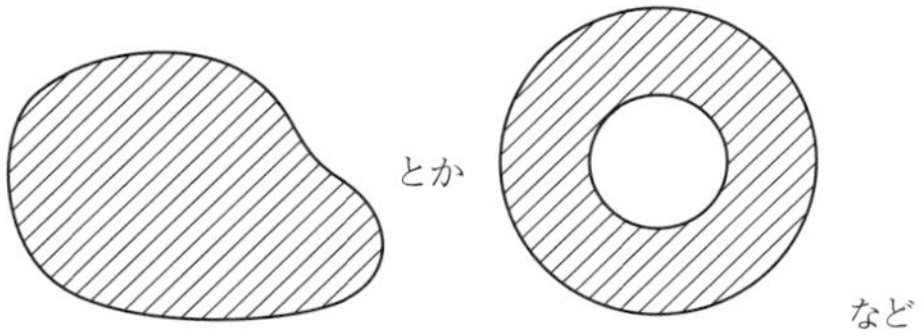

式⑤に$z=a$を代入すれば、$a_0=f(a)$、がすぐわかります。また、微分係数の定義（ランダウ記号による定義）から、$a_1=f'(a)$、もわかります。このことは式⑤の両辺を微分することからでもわかります。実際、べき乗関数の微分公式$(x^n)'=nx^{n-1}$と、和や定数倍の微分公式から、

$$f'(z)=a_1+2a_2(z-a)+3a_3(z-a)^2+4a_4(z-a)^3+\cdots \qquad \cdots\cdots⑥$$

この式に$z=a$を代入すれば、$a_1=f'(a)$です。

この方法は、すべての係数a_nに通用します。$f(z)$を$z=a$において2回微分した値を、$f^{(2)}(a)$と記し「2階微分係数」と呼びますが、⑥の両辺をもう1回微分すれば、

$$f^{(2)}(z)=2a_2+6a_3(z-a)+12a_4(z-a)^2+20a_4(z-a)^3+\cdots$$

となり、$z=a$を代入すれば、$f^{(2)}(a)=2a_2$から、

$$a_2=\frac{1}{2}f^{(2)}(a)$$

と求まります。このように逐次的に微分して、$z=a$を代入することで、a_nを「n階微分係数」で表す公式、

$$a_n=\frac{1}{n!}\,f^{(n)}(a) \qquad \cdots\cdots⑦$$

が得られます。例えば、expの定義式①は、e^zの$z=0$におけるn階微分係数$f^{(n)}(0)$がすべて1であること（$e^0=1$だから）から、この公式と整合していることがわかります。

（A級その8）複素べき乗関数の微分と「一般化された2項定理」

べき乗関数の微分については、201ページで、

$$(x^n)'=nx^{n-1}$$

という公式を与えましたが、実はこの公式は、指数が複素数であっても成立します。つまり、指数が固定された複素数s、変数zが複

素数であるとき、

$$f(z)=z^s \text{ に対して } f'(z)=sx^{s-1}$$

となります。具体例として、$s=i$のときこの公式を証明してみましょう。

$$f(z)=z^i=(e^{\log z})^i=e^{i\log z}$$

ですから、合成関数の微分公式から、$(\log z)'=1/z$を用いて、

$$f'(z)=e^{i\log z}\times\frac{i}{z}=z^i\times\frac{i}{z}=iz^{i-1}$$

です。実は、A級その5で、複素変数の対数関数への注意を促しました。その点からは、上記には（$\log z$の定義や微分などで）もう少し厳密さが必要になりますが、本質的には間違いではないので、無視して先を急ぎます。

この「複素数に拡張したべき乗関数の微分」を使うと、2項定理も一般化できます。先回りして公式を与えると、

〈一般化された2項定理〉

$$(1+z)^s=1+\binom{s}{1}z+\binom{s}{2}z^2+\binom{s}{3}z^3+\cdots \quad \cdots\cdots⑧$$

ここで、上式において、

$$\binom{s}{1}=s,\ \binom{s}{2}=\frac{s(s-1)}{2\cdot 1},\ \binom{s}{3}=\frac{s(s-1)(s-2)}{3\cdot 2\cdot 1},\ \cdots$$

などのように定義されます。sが正の整数の場合は、上記の定義からわかる通り、

$$\binom{s}{k}={}_n\mathrm{C}_k\ (k\leqq n),\ \binom{s}{k}=0 \quad (n<k)$$

となり、通常の2項定理（120ページ）と一致しています。大事なのは、sが分数や無理数や虚数の場合でも常に成り立つことです。それはテイラー展開から得られます。

まず、$f(z)=(1+z)^s$は、$|z|<1$で正則だと知られています。したがって、A級その7で解説したように、この範囲でテイラー展開を持ちます。係数は式⑦から求まりますが、

$$f'(z)=s(1+z)^{s-1},\ f^{(2)}(z)=s(s-1)(1+z)^{s-2},$$
$$f^{(3)}(z)=s(s-1)(s-2)(1+z)^{s-3},\ \cdots$$

のようになることから、$f(z)$の$z=0$におけるテイラー展開、

$$f(z)=(1+z)^s=a_0+a_1(z-0)+a_2(z-0)^2+a_3(z-0)^3+\cdots$$

に対して、

$$a_k=\frac{1}{k!}f^{(k)}(0)=\binom{s}{k}$$

と求まり、式⑧が示されます。実際、例えば、a_3については、

$$a_3=\frac{1}{3!}f^{(3)}(0)=\frac{s(s-1)(s-2)}{3\cdot2\cdot1}=\binom{s}{3}$$

となっています。

（A級その9）複素関数の積分

八段編で積分を定義した方法とそっくりの方法で、複素関数についても積分を定義することができます。実数関数はx軸上の関数なので、単にx軸上の点列を考えるだけで良かったのですが、複素数は複素平面という面上に広がっているので、積分を定義するには集

計する経路としての「曲線」を指定する必要があります。いま、複素関数$h(z)$を考えます。複素平面上に始点α、終点βの曲線Cをとり、固定します。次に曲線C上にαからβに向かって点列、

$$\alpha = z_1,\ z_2,\ z_3,\ \cdots,\ z_n = \beta$$

を任意にとります。そして、$h(z)$に対するリーマン和

$$h(z_1^*)(z_2 - z_1) + h(z_2^*)(z_3 - z_2) + \cdots + h(z_{n-1}^*)(z_n - z_{n-1})$$

を作ります。ここでz_1^*はz_1からz_2への経路上の任意の点です。$z_2^*,\ z_3^*,\ \cdots\ z_{n-1}^*$も同じように選びます。

点列の個数nを増やしながら、点列を取り換え、しかも隣り合う点の距離$|z_{k+1} - z_k|$の最大値が0に近づいていくようにします。そのとき、上のリーマン和の近づく極限を「$h(z)$の経路Cに関する積分」と呼び、

$$\int_C h(z)\,dz$$

と記します（図A-8）。

図 A-8

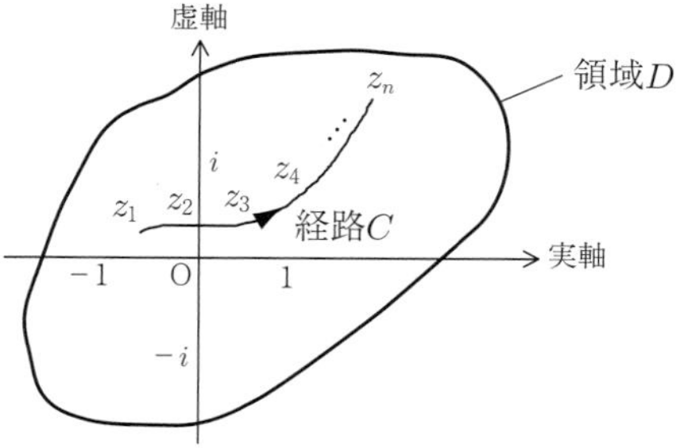

後の都合のために、経路Cをβからαに向かって逆にたどる経路をC^{-1}と記して、この経路での積分を与えます。この経路のための

リーマン和は、

$$h(z_n^*)(z_{n-1}-z_n)+\cdots+h(z_3^*)(z_2-z_3)+h(z_2^*)(z_1-z_2)$$

ですから、$(z_k-z_{k+1})=-(z_{k+1}-z_k)$を考えると、極限として、

$$\int_{C^{-1}} h(z)\,dz=-\int_C h(z)\,dz$$

となることがわかるでしょう（乗ずる$h(z_k^*)$の選びかたに依存しないことが知られています）。

ここで、積分の具体例をひとつ与えておきます。虚軸上の始点i、終点$4i$の線分を曲線Cとし、$h(z)=z^2$の経路Cに関する積分を計算してみましょう。

$z_k=0+y_ki$　$(1=y_1,\ y_2,\ y_3,\ \cdots,\ y_n=4)$、$z_k^*=y_ki$とおけば、

$$\begin{aligned}&h(z_1^*)(z_2-z_1)+h(z_2^*)(z_3-z_2)+\cdots+h(z_{n-1}^*)(z_n-z_{n-1})\\&=(y_1i)^2(y_2-y_1)i+(y_2i)^2(y_3-y_2)i+\cdots+(y_{n-1}i)^2(y_n-y_{n-1})i\\&=\{(-y_1^2)(y_2-y_1)+(-y_2^2)(y_3-y_2)+\cdots+(-y_{n-1}^2)(y_n-y_{n-1})\}i\end{aligned}$$

$\{\ \}$の中の極限は関数$f(y)=-y^2$を実軸上で1から4まで積分したものです。したがって、

$$\int_C h(z)\,dz=i\int_1^4(-y^2)\,dy=-21i$$

となります。

定義からわかるように、複素関数の積分は経路に依存します。始点と終点が同じでも、経路が異なれば、違う値になることはあり得ます（図 A-9）。

図 A-9

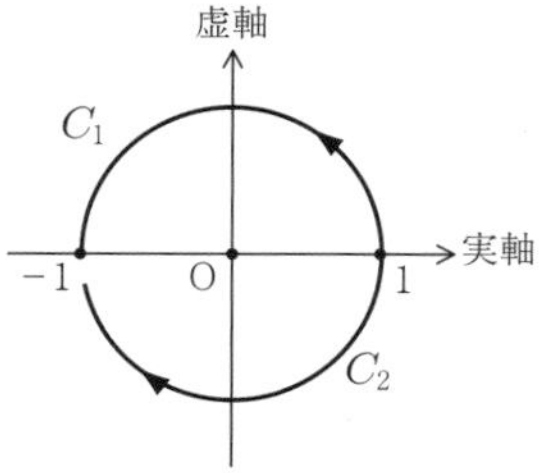

$\int_{C_1} \frac{1}{z}\,dz$ と $\int_{C_2} \frac{1}{z}\,dz$ は値が異なる

(A級その10) コーシーの積分定理

(A級その8) における積分の定義からわかったと思いますが、複素関数の積分の定義は、実数関数についての定義とほぼ同じです。したがって、複素関数においても「微積分学の基本定理」が成り立ちます。すなわち、

〈複素関数版　微積分学の基本定理〉

複素関数 $h(z)$ が、領域 D のすべての点において、ある関数 $f(z)$ の微分 $f'(z)$ と一致するとき、領域 D に描かれた始点 α、終点 β の曲線 C での積分について

$$\int_C h(z)\,dz = f(\beta) - f(\alpha)$$

となる。

証明は、八段編での解説を踏襲すればいいだけです。$f'(z) = h(z)$ となる $f(z)$ のことを「$h(z)$ の原始関数」と呼びます。この定理は、

「被積分関数に原始関数が存在すれば、積分は経路に依存せず、始点と終点だけから値が決まる」ということを意味します。

ここで、領域Dの正則関数$h(z)$がテイラー展開できることを思い出してください。すなわち、

$$h(z)=a_0+a_1(z-a)+a_2(z-a)^2+a_3(z-a)^3+\cdots$$

と表せる、ということです。ここで、各$(z-a)^k$に対して、

$$\left\{\frac{1}{k+1}(z-a)^{k+1}\right\}'=(z-a)^k$$

となっていることに注意します。このことから、

$$H(z)=a_0(z-a)+\frac{1}{2}a_1(z-a)^2+\frac{1}{3}a_2(z-a)^3+\cdots$$

と置けば、$H'(z)=h(z)$が成り立ちます。したがって、領域Dの正則関数$h(z)$に対して、領域Dに描かれた始点α、終点βの曲線Cでの積分について、

$$\int_C h(z)\,dz=H(\beta)-H(\alpha)$$

が成り立ちます。ここで特に、始点α=終点β、とすれば、曲線Cはぐるっと輪になる「閉曲線」になります。このとき、$H(\beta)-H(\alpha)=0$となるので、次の定理が得られます。

〈コーシーの積分定理〉

領域Dの正則関数$h(z)$と領域D内の閉曲線Cに関して、

$$\int_C h(z)\,dz=0$$

が成り立つ。

以上の議論は$h(z)$のテイラー展開の収束円の中に閉曲線Cが含まれることを前提にしています（図 A-10左）。収束円がCを含むように描けないときは図 A-10右のように複数の収束円をつないで、その中で閉曲線の和を作ります（図 A-11の説明も参照せよ）。

図 A-10

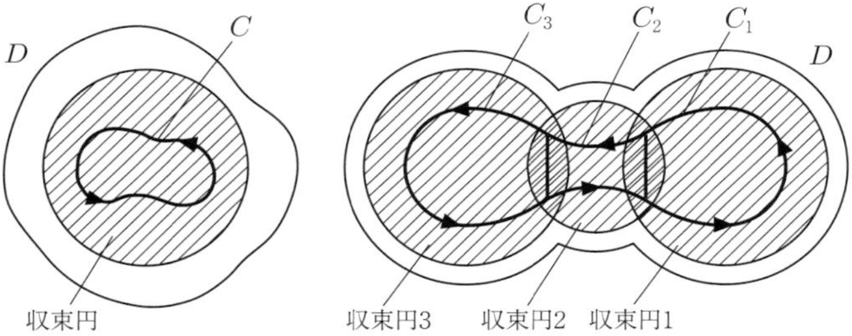

この定理は、「正則関数（1回微分できる関数）をぐるっと一周積分すると必ず0」ということを意味していて、実にみごとな性質だと言えます。これも「複素数世界の調和」を表していると言っていいでしょう。

この定理を使うと次のような性質が成り立ちます。

〈閉曲線移動に関する不変性〉

閉曲線C_1, C_2に関して、C_1の内部にC_2があるとし、C_1とC_2の間にある領域において関数$h(z)$が正則であるとする。このとき

$$\int_{C_1} h(z)\,dz = \int_{C_2} h(z)\,dz$$

この性質の証明は、図 A-11のように行います。

図 A-11右図で、$C_{1,1} \to C_3 \to C_{2,1} \to C_4$のように左周りに周回する閉曲線を$C_A$とします。また、$C_{1,2} \to C_4^{-1} \to C_{2,2} \to C_3^{-1}$のように左周りに周回する閉曲線を$C_B$とします。ここで$C_3^{-1}$と$C_4^{-1}$は$C_3$と$C_4$の逆向きの経路です。

図 A-11

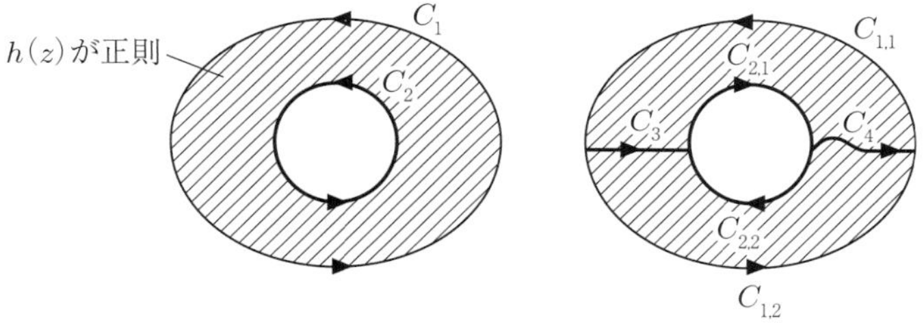

「コーシーの積分定理」から、

$$\int_{C_A} h(z)\,dz = 0, \ \int_{C_B} h(z)\,dz = 0$$

です。ここで、前者は4つの経路に分解すれば、($h(z)dz$を省略して)、

$$0 = \int_{C_A} h(z)\,dz = \int_{C_{1,1}} + \int_{C_3} + \int_{C_{2,1}} + \int_{C_4}$$

同様にして、後者は

$$0 = \int_{C_B} h(z)\,dz = \int_{C_{1,2}} + \int_{C_4^{-1}} + \int_{C_{2,2}} + \int_{C_3^{-1}}$$

となります。この2式を加え合わせると、経路C_3、経路C_4では、積分が逆向きになることからその和は0になります。したがって、

$$0=\int_{C_{1,1}}+\int_{C_{2,1}}+\int_{C_{1,2}}+\int_{C_{2,2}}=\int_{C_1}+\int_{C_2^{-1}}$$

したがって、

$$\int_{C_1}=-\int_{C_2^{-1}}=\int_{C_2}$$

となります。これで証明が終わりました。

(A級その11) コーシーの積分公式

コーシーの積分定理は、さらに、次のようなすばらしい定理をもたらします。この定理は、名人編で、「フォン・マンゴルトの明示公式」を導くときに活躍するものです（閉曲線Cという場合、普通左周りを表します）。

〈コーシーの積分公式〉

領域Dの正則関数$h(z)$と領域D内の閉曲線C、および閉曲線Cの内部の点aについて、

$$\frac{1}{2\pi i}\int_C \frac{h(z)}{z-a}\,dz=h(a)$$

が成り立つ。

被積分関数$h(z)/(z-a)$は点aでは分母が0になるため値を持ちません。しかし、点aはCの内部にありますから、この被積分関数は閉曲線C上では値を持ち、積分可能です。被積分関数がCの内部

では正則でない（点aで微分不可能）からコーシー積分定理を適用できず、0だとは限りません。実際、点aにおける$h(z)$の値は$h(a)$になる、というわけなのです。別の見方をすると、閉曲線の内部に（1位の）極があると、そこでの関数の分子の値が閉曲線での積分値を決める、ということです。

この証明は次のようにします。

まず、正則関数$h(z)$の$z=a$におけるテーラー展開を

$$h(z)=a_0+a_1(z-a)+a_2(z-a)^2+a_3(z-a)^3+\cdots$$

とします。すると、被積分関数は、

$$\frac{h(z)}{z-a}=\frac{a_0}{z-a}+a_1+a_2(z-a)+a_3(z-a)^2+\cdots$$

となります。右辺の第2項以降はすべてべき乗関数なので、原始関数（微分するとそれになる関数）が存在します。したがって、「コーシーの積分定理」より、それらの積分値はすべて0になります。このことから、積分値は右辺の最初の項だけから決まり、

$$\frac{1}{2\pi i}\int_C \frac{h(z)}{z-a}\,dz=\frac{1}{2\pi i}\int_C \frac{a_0}{z-a}\,dz$$

です。したがって、$a_0/(z-a)$の積分値を求めることが目標となります。

ここで、閉曲線Cの内部に点aを中心とした任意の円C_aを描きます。円C_aの半径をrとします。

図 A-12

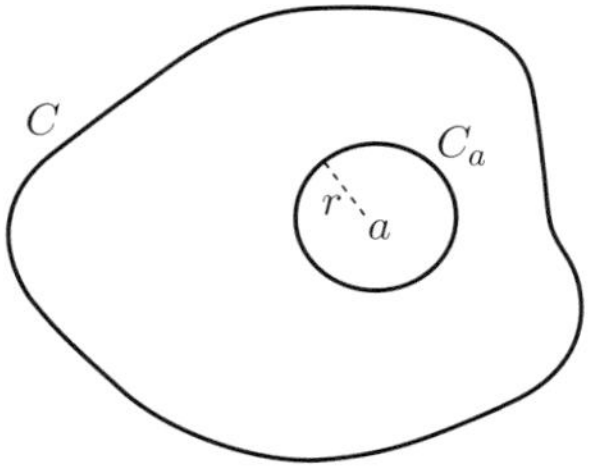

「閉曲線移動に関する不変性」(270ページ)から、

$$\frac{1}{2\pi i}\int_C \frac{a_0}{z-a}\,dz=\frac{1}{2\pi i}\int_{C_a}\frac{a_0}{z-a}\,dz$$

となるので、結局、円周上の積分を求めればよいことになります。そこで、円周上の点zを「オイラーの公式」を用いて、次のように表現します。

$$z=a+re^{\theta i}$$

そして、このようにzをθに変数変換して、積分を実行します。zが閉曲線C_a上を1周すると、θは0から2πまで変化します。合成関数の微分公式から

$$dz=rie^{\theta i}d\theta$$

です(この式は、$z=f(\theta)$と$z+\Delta z=f(\theta+\Delta\theta)$から、$\Delta z\approx f'(\theta)\Delta\theta$を導き、それを理想化したもの)。よって

$$\frac{1}{2\pi i}\int_{C_a}\frac{a_0}{z-a}\,dz=\frac{1}{2\pi i}\int_0^{2\pi}\frac{a_0}{re^{\theta i}}\,rie^{\theta i}d\theta$$

のように、積分変数をθに変更できます。したがって、

$$\frac{1}{2\pi i}\int_{C_a}\frac{a_0}{z-a}\,dz=\frac{1}{2\pi i}\int_0^{2\pi}a_0 i\,d\theta=\frac{a_0 2\pi i}{2\pi i}=a_0$$

となりますが、$a_0=h(a)$ですから、

$$\frac{1}{2\pi i}\int_{C_a}\frac{h(z)}{z-a}\,dz=h(a)$$

が証明されました。

ガンマ関数

名人編で大活躍する「リーマン・ゼータ関数」に深い関わりを持つのが、「ガンマ関数」です。実数sを変数とする「ガンマ関数」は次のように積分で定義されます。

$$\Gamma(s)=\int_0^{\infty}e^{-x}x^{s-1}dx \qquad \cdots\cdots ⑨$$

この積分の積分変数はxであることに注意してください。積分後、積分値はsに依存するので、sに関する関数が定義されるわけです。

「ガンマ関数」は抽象数学の中だけでなく、応用数学の世界でも重要な役割を果たします。例えば、確率論や統計学では必須の関数です。カイ二乗分布やt分布の密度関数の中に現れるからです。このように「現実世界」を解き明かすのにも活躍しています。

感覚を得るために、$\Gamma(1)$を計算してみましょう。

$$\Gamma(1)=\int_0^{\infty}e^{-x}x^0dx=\int_0^{\infty}e^{-x}dx$$

を積分することになります。$F(x)=-e^{-x}$と置けば、$F'(x)=e^{-x}$なので、

$$\Gamma(1)=\int_0^\infty e^{-x}dx=F(\infty)-F(0)=0+1=1$$

となります。もう一つ、$\Gamma(2)$を計算してみましょう。

$$\Gamma(2)=\int_0^\infty e^{-x}x^1dx=\int_0^\infty xe^{-x}dx$$

を積分します。いわゆる、「部分積分」と呼ばれるテクニックを用います。最後の被積分関数の左のxに右のe^{-x}の原始関数を掛けた$F(x)=x(-e^{-x})$を考えます。積の微分公式から、

$$F'(x)=(x)'(-e^{-x})+x\{-e^{-x}\}'=-e^{-x}+xe^{-x}$$

よって、

$$xe^{-x}=F'(x)+e^{-x}$$

のように被積分関数の左のxを消すことができるので、

$$\int_0^\infty xe^{-x}dx=\int_0^\infty \{F'(x)+e^{-x}\}dx=F(\infty)-F(0)+\int_0^\infty e^{-x}dx$$

ここで、$xe^{-x}\to 0\ (x\to\infty)$（$x$が大きくなるのに比べて$e^{-x}$が小さくなるスピードが圧倒的に速い）ですから$F(\infty)=F(0)=0$となり、$\Gamma(2)$は、$\Gamma(1)$と同じ1だと求まります。

積分⑨は$s>0$なる実数で値を持つことがわかっています。また、変数sを複素数とすれば、積分⑨で定義される$\Gamma(s)$は複素関数と見なすことができ、（sの実部）>0で値を持ちます（[11]）。この際に、積分は実数上の0から∞までの積分と考えても、複素平面上の実軸の点0を始点とし、実軸正の領域の無限遠点を終点とする積分経路での複素積分、と考えても、どちらでも結果は同じです。

（A級その12）ガンマ関数を解析接続する

積分⑨は（sの実部）$\leqq 0$では値を持ちません。しかし、「解析接続」という技術を用いれば「関数を拡張する」ことができます。まず、「解析接続」という技術を解説しましょう。複素関数

$$h(z)=1+z+z^2+z^3+\cdots \qquad \cdots\cdots ⑩$$

を考えます。n乗で止めたときの和は32ページの公式から、

$$1+z+z^2+z^3+\cdots+z^n=\frac{1-z^{n+1}}{1-z}$$

であり、$|z|<1$のとき、$|z|^n \to 0\,(n\to\infty)$ですから、「積の絶対値は、絶対値の積」より、$z^n \to 0\,(n\to\infty)$なので、$h(z)$は定義でき、

$$h(z)=\frac{1}{1-z} \qquad (|z|<1)$$

となります。テイラー展開の形になっているので$|z|<1$では正則関数のひとつです。一方、$z=-1$とすると、$h(-1)=1-1+1-1+\cdots$は「振動」となって、値が定義できません。ここで別の関数、

$$k(z)=\frac{1}{2}+\frac{1}{2^2}(z+1)+\frac{1}{2^3}(z+1)^2+\frac{1}{2^4}(z+1)^3+\cdots \qquad \cdots\cdots ⑪$$

を考えましょう。先ほどと同じ議論から、この関数は、$\frac{1}{2}|z+1|<1$で定義できる正則関数です。この定義域は-1を中心とした半径2の円内部Dです（図 A-13）。

図 A-13

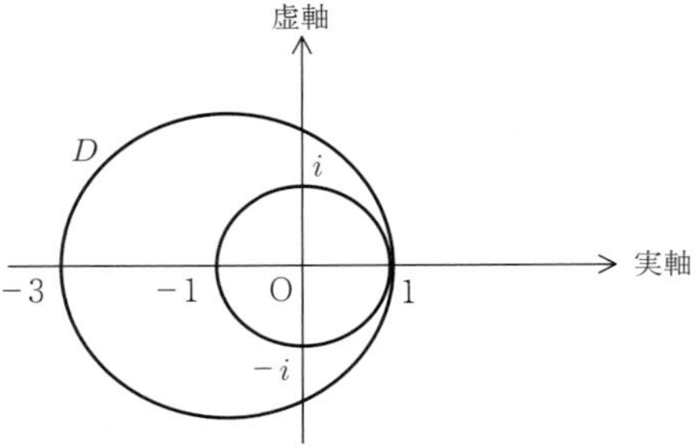

図を見ればわかるように、式⑩の$h(z)$の定義域である単位円内部は、式⑪の$k(z)$の定義域である円内部Dにまるごと包含されています。$k(z)$の定義域Dでは($h(z)$での計算において、zを$\frac{1}{2}(z+1)$に置き換えて、1/2倍するだけなので)、

$$k(z)=\frac{\frac{1}{2}}{1-\frac{1}{2}(z+1)}=\frac{1}{1-z} \qquad (|z+1|<2)$$

となります。すなわち、単位円内部では、$k(z)$の値は$h(z)$の値と一致しています。このとき、「$k(z)$は$h(z)$の解析接続である」と言います。こんなふうにして、「$k(z)$は$h(z)$の定義域を拡張したもの」と見なすわけです。すると、$h(z)$の$z=-1$での値は、(式⑩では値を持ちませんが)、式⑪での$k(-1)=1/2$だと拡張的に定義するのが自然だ、ということになります。

複素解析の理論によって、「解析接続」は唯一に決定することが知られています。これを「一致の定理」といいます。つまり、単位円内部で$h(z)$と値が一致する正則関数が仮にあるとすれば、円内部Dでは$k(z)$と値が一致していなければならないのです。したがって「解析接続」によって定義域を広げていって構成される正則関数は唯一に決定されます(図 A-14)。

図 A-14

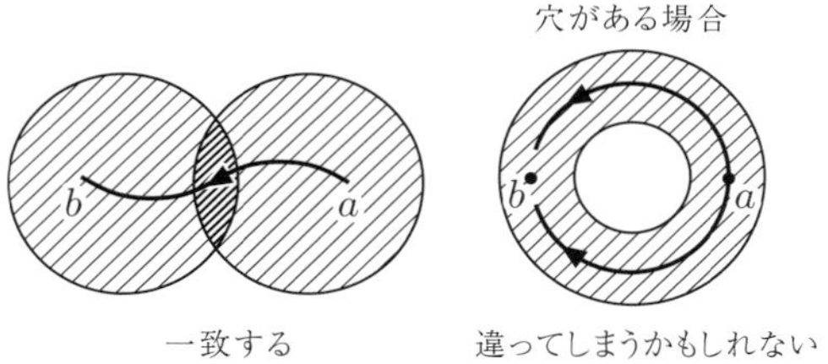

今の例は、見方を逆にして、次のように見ることができます。すなわち、$z=1$を除く複素数全体での正則関数、

$$g(z)=\frac{1}{1-z}$$

は「単位円の中では、式⑩の$h(z)$の姿に見えている」。また、「円内部Dでは、式⑪の$k(z)$の姿に見ている」ということです。式⑩と式⑪は見かけが異なる正則関数であることに注意してください。これらの「局所局所での異なる姿を貼り合わせたもの」が関数$g(z)$だということです。

今の例は、$g(z)=1/(1-z)$という形で複素数全体での「真の姿」を見ることができますが、普通はそうではありません。複素数全体での「真の姿」を見ることはできないけれど、「局所局所の姿を貼り合わせて全体での姿を浮かび上がらせる」ことならできる、という場合がほとんどです。先ほどの「ガンマ関数」が典型的な例です。

この節の最初に述べたように、ガンマ関数の定義式である積分⑨は（sの実部）≦0では値を持ちません。しかし、次のようにすれば、「解析接続」をすることができます。積分⑨は「部分積分」によって、

$$\Gamma(s+1)=s\Gamma(s)$$

を導くことができます。やってみましょう。$F(x)=x^{s}(-e^{-x})$と置くと、

$$F'(x)=(x^{s})'(-e^{-x})+x^{s}(-e^{-x})'=-sx^{s-1}e^{-x}+x^{s}e^{-x}$$

したがって、$x^{s}e^{-x}=sx^{s-1}e^{-x}+F'(x)$から、

$$\Gamma(s+1)=\int_{0}^{\infty}e^{-x}x^{s}dx=\int_{0}^{\infty}e^{-x}(sx^{s-1})dx+F(\infty)-F(0)$$

$$=s\int_{0}^{\infty}e^{-x}x^{s-1}\,dx=s\Gamma(s)$$

となり、証明されます。この公式によって、

$$\Gamma(n)=(n-1)\Gamma(n-1)=(n-1)(n-2)\Gamma(n-2)$$

$$=\cdots=(n-1)(n-2)\ \cdots\ \times 1=(n-1)!$$

となって、「ガンマ関数」が「階乗計算」を（sの実部）>0なる複素数全体に拡張したものであることがわかります。実はこの公式を巧く使うと、「ガンマ関数」を（sの実部）≦0にも解析接続する」ことが可能となります。それにはまず、公式を、

$$\Gamma(s)=\frac{\Gamma(s+1)}{s} \qquad \cdots\cdots⑫$$

と変形します。$-1<$（sの実部）≦0なるsについては、$0<$（$s+1$の

実部）$\leqq 1$なので、$\Gamma(s+1)$は値を持ちます。したがって、$-1<$（sの実部）$\leqq 0$なるsについて、式⑫の右辺を$\Gamma(s)$の値と定義すれば、「解析接続」が可能となるのです。もっと詳しく言うと、まず、$-1<$（sの実部）なる複素数sについて、

$$g(s)=\frac{\Gamma(s+1)}{s}$$

という関数を定義します。具体例を一つ挙げると、$s=i$のときの値は、

$$g(i)=\frac{\Gamma(i+1)}{i}=-i\Gamma(1+i)$$

のように、定義可能な$-i\Gamma(1+i)$によって$g(i)$が定義されます。この$g(s)$が、

「$\Gamma(s)$の$-1<$（sの実部）への解析接続」

となるわけです。$\Gamma(i)$の値は積分⑨では定義できないけれど、$g(i)=-i\Gamma(1+i)$という値をもってして拡張された$\Gamma(i)$の値としよう、ということです。

実際、$0<$（sの実部）の任意のsで式⑫が成り立ちますから、$g(s)=\Gamma(s)$となっています。

つまり、$g(s)$は$0<$（sの実部）では$\Gamma(s)$と同じ値を持ち、$\Gamma(s)$よりも広い定義域を持つ関数ということです。したがって、「$\Gamma(s)$は$-1<$（sの実部）への解析接続を持つ」ことがわかるわけです。

このように$g(s)$によって、$\Gamma(s)$の定義域を$-1<$（sの実部）に広げることができました。そこで次に、

$$h(s)=\frac{g(s+1)}{s}$$

と定義します。この関数$h(s)$は右辺が値を持つ、$-2<$(sの実部)、で定義できます。したがって、$h(s)$は$g(s)$を(すなわち、$\Gamma(s)$を)$-2<$(sの実部)まで解析接続することになります。

この手続きを逐次的に行うことによって順々に定義域を広げて、$\Gamma(s)$は複素数全体に解析接続することが可能となります。

ところで今まで、$\Gamma(s)$の極(分母に$(z-a)^n$があって、値が∞になる点)には目をつぶって解説してきました。最後に極について述べます。

式⑫でわかるように、$\Gamma(s)$は$s=0$に極を持ちます(分母が0になり、値が∞になる)。また、

$$\Gamma(s+1)=\frac{\Gamma(s+2)}{s+1}$$

から、$s=-1$にも極を持ちます。同様にして、$s=0, -1, -2, \cdots$ に極を持つことがわかります。

以上でガンマ関数の話は終わります。

ゼータ関数・リーマン予想・素数定理

名人編

ゼータ関数は素数のすみか

最後の編であるこの名人編では、ゼータ関数と素数について解説します。

ゼータ関数は、18世紀に研究が始まりました。最初の貢献者になったのはスイスの数学者オイラーです。オイラーの素数研究はこれまで何度も出てきたのでもう読者にもおなじみのことでしょう。

オイラーは、このゼータ関数が「素数のすみか」であることを発見し、素数の研究に利用しました。例えば、「素数の逆数和が無限大」であることをゼータ関数を使って証明したのがその典型的な例です。

オイラーのあとに、ゼータ関数研究の発展に貢献したのは、ドイツの数学者リーマンです。リーマンはオイラーの研究では不十分だった部分を整備し、ゼータ関数の扱い方を開発しました。その大きな成果として、素数の個数を表す関数$\pi(x)$を等式として明示的に表現できる「リーマンの明示公式」を作り出しました。また、素数の分布を解明する「リーマン予想」を提出しました。この予想はこの本を執筆している現在も未解決のままです。

ゼータ関数が「素数のすみか」である証拠として、これが素数の研究を加速的に進めることになりました。例えば、「素数定理」(72ページでも解説)の証明が達成されました。フェルマーの大定理の解決もその成果の一つです。フェルマーの大定理とは「nが3以上の整数のとき、$a^n+b^n=c^n$を満たす正の整数a、b、cは存在しない」というもので、フェルマーの小定理(89ページ)に対して、大定理と名付けられました。他にもさまざまな定理の発見や魅力的な予想の提出につながっています。

この最終編では、ゼータ関数と素数のつながりについて、できるだけわかりやすく直感的な解説をしたいと思います。

有限ゼータ関数

オイラーが研究し、リーマンが整備したゼータ関数は、現在「リーマン・ゼータ関数」と呼ばれているもので、「自然数のs乗の逆数の総和」で定義されます。すなわち、

$$\zeta(s) = \frac{1}{1^s} + \frac{1}{2^s} + \frac{1}{3^s} + \cdots + \frac{1}{n^s} + \cdots$$

です（ζはギリシャ文字のゼータ）。ここで変数sは複素数全体をとりますが、それがどういうことかについてはのちほど解説することにします。

実は、リーマン以降、ゼータ関数の亜種がたくさん発見されました。「デデキント・ゼータ関数」、「ハッセ・ゼータ関数」、「セルバーグ・ゼータ関数」、「合同ゼータ関数」等です。本書では、基本的に「リーマン・ゼータ関数」のみを扱いますが、その理解をスムーズにするために、「有限ゼータ関数」という最も簡単なゼータ関数の亜種の導入からスタートすることにします。

有限ゼータ関数は、2以上の自然数Nをひとつ固定し、複素数sを変数とした関数$\zeta_N(s)$が、

$$\zeta_N(s) = (N\text{の正の約数}n\text{に関する、}n^s\text{の逆数の総和})$$

のように定義されます。

例えば、$N=3$の有限ゼータ関数は、

$$\zeta_3(s)=\frac{1}{1^s}+\frac{1}{3^s}=1+\frac{1}{3^s}$$

と定義されます。この関数の値をいくつかのsについて計算してみると、

$$\zeta_3(1)=1+\frac{1}{3}=\frac{4}{3},\ \zeta_3(2)=1+\frac{1}{9}=\frac{10}{9},\ \zeta_3(-1)=1+\frac{1}{1/3}=4$$

のようになります($3^{-1}=1/3$に注意)。虚数のsについても、ひとつ値を求めておきましょう。

$s=i$の場合はどうなるでしょうか。$\exp\ x=e^x$と$\log x$が逆関数の関係$\exp(\log x)=x$にあることから、

$$e^{\log x}=x$$

となります。したがって、$x=3$を代入すれば、

$$3=e^{\log 3}$$

両辺を$-i$乗すれば、

$$3^{-i}=(e^{\log 3})^{-i}=e^{-i\log 3}$$

です。A級編256ページの「オイラーの公式」から、

$$e^{-i\log 3}=\cos(-\log 3)+i\sin(-\log 3)=\cos(\log 3)-i\sin(\log 3)$$

したがって、

$$\zeta_3(i)=1+\frac{1}{3^i}=1+3^{-i}=1+\cos(\log 3)-i\sin\ (\log 3)$$

となります。Nが素数pのときは、約数が2個しかないことから、最も簡単な形になります。

$$\zeta_p(s)=1+\frac{1}{p^s}$$

という関数です。Nが素数pの2乗ときは、約数は$1,\ p,\ p^2$の3個ですから、

$$\zeta_{p^2}(s)=1+\frac{1}{p^s}+\frac{1}{p^{2s}}$$

となります。

有限ゼータ関数の顕著な性質は、「すべての有限ゼータ関数が、Nが素数べきp^mの有限ゼータ関数を掛け合わせることで作れてしまう」ということです。例えば、$N=2$の有限ゼータ関数と$N=9=3^2$の有限ゼータ関数を掛け合わせると、以下のように、$N=2\times3^2=18$の有限ゼータ関数が得られます。実際、

$$\begin{aligned}\zeta_2(s)\ \zeta_9(s)&=\left(\frac{1}{1^s}+\frac{1}{2^s}\right)\left(\frac{1}{1^s}+\frac{1}{3^s}+\frac{1}{9^s}\right)\\&=\frac{1}{1^s}\frac{1}{1^s}+\frac{1}{2^s}\frac{1}{1^s}+\frac{1}{1^s}\frac{1}{3^s}+\frac{1}{2^s}\frac{1}{3^s}+\frac{1}{1^s}\frac{1}{9^s}+\frac{1}{2^s}\frac{1}{9^s}\\&=\frac{1}{1^s}+\frac{1}{2^s}+\frac{1}{3^s}+\frac{1}{6^s}+\frac{1}{9^s}+\frac{1}{18^s}\end{aligned}$$

これは、18の約数すべてが現れているので、$\zeta_{18}(s)$となります。

関数等式とはどんな等式か

最初の節で、ゼータ関数にはたくさんの種類があることを述べましたが、これらのゼータ関数には、すべてに共通すると予想される

性質が3つあります。第一は「関数等式を持つ」という性質、第二は「オイラー積表示を持つ」という性質、第三は「零点が直線を成す」という性質です。有限ゼータ関数では、この3つの性質が簡単に確かめられます。

まず、「関数等式」とは、一種の「対称性」を表現するものです。それは、「複素平面上で点対称の位置にあたる点について、関数値が特殊な関係式で結ばれる」ということです。有限ゼータ関数については、

$$\zeta_N(-s)=N^s\,\zeta_N(s)$$

が関数等式になります。これは、$-s$のときの値とsのときの値がN^s倍という簡単な関係で結ばれていることを意味しています。ここで、$s=a+bi$と$-s=-a-bi$は複素平面上で原点を中心とした点対称の位置にあたります(**図 名人-1**)。したがって、「点対称での値が特殊な関係で結ばれている」わけです。

図 名人-1

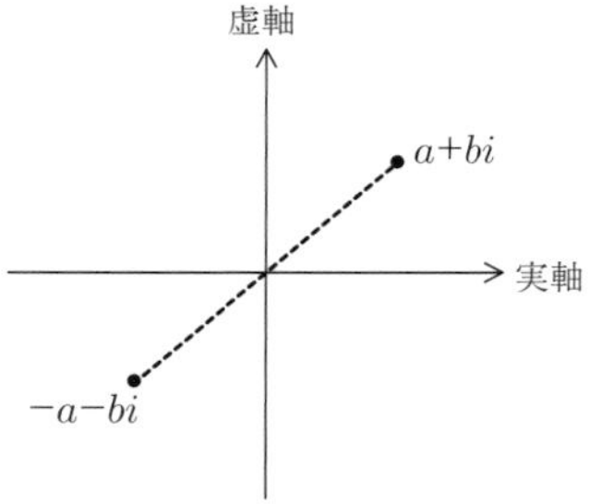

$N=3$の場合で確認しましょう。

$$\zeta_3(-s)=1+\frac{1}{3^{-s}}=1+3^s=3^s\left(\frac{1}{3^s}+1\right)=3^s\ \zeta_3(s)$$

たしかに成り立っています。Nが素数のときはこれと同様の計算で確認できます。素数のべきの場合も、例えば先ほどの$N=9$で見てみれば、確認できます。

$$\zeta_9(-s)=1+\frac{1}{3^{-s}}+\frac{1}{9^{-s}}=1+3^s+9^s=9^s\left(\frac{1}{9^s}+\frac{1}{3^s}+1\right)=9^s\ \zeta_9(s)$$

Nが複数の異なる素因数を持つ場合も、さきほど紹介した「すべての有限ゼータ関数は、Nは素数べきp^mの有限ゼータ関数を掛け合わせることで作れる」という性質を使って証明できます。実際、$N=18$の場合は、

$$\zeta_2(s)\ \zeta_9(s)=\zeta_{18}(s)$$

という性質と、素数べきの場合の関数等式を使って、

$$\zeta_{18}(-s)=\zeta_2(-s)\ \zeta_9(-s)=2^s\ \zeta_2(s)\ 9^s\ \zeta_9(s)=18^s\ \zeta_{18}(s)$$

のように証明されます。

有限ゼータ関数ではオイラー積は当たり前

次は、「オイラー積を持つ」ですが、これはゼータ関数が「素数についての特定の式の積で表される」という性質です。有限ゼータ関数の場合は前に説明した性質から明らかです。例えば、$N=18$の場合は、

$$\zeta_{18}(s)=\zeta_2(s)\ \zeta_9(s)$$

という等式を前々節で与えましたが、右辺がオイラー積となっています。18に関する値が、素数2と素数3(のべき)に関する値の積で表されているからです。

零点の分布

引き続き、三つ目の性質を見てみましょう。有限ゼータ関数の「零点の分布」です。

一般に関数$f(x)=0$を満たすxを関数$f(x)$の「零点」と呼びます。有限ゼータ関数について、零点がどう分布しているかを見ます。$N=3$に関する有限ゼータ関数、

$$\zeta_3(s)=\frac{1}{1^s}+\frac{1}{3^s}=1+\frac{1}{3^s}$$

に対して、$\zeta_3(s)=0$となるsは、

$$3^s=-1$$

を満たすsです。

$3=e^{\log 3}$だったことを思い出せば、

$$3^s=e^{s\log 3}=-1$$

これが成り立つsは、オイラーの公式(256ページ)から、

$$(\log 3)s=\pm\pi i,\ \pm 3\pi i,\ \pm 5\pi i,\ \cdots$$

です。したがって、零点sは、

$$s=\pm\frac{\pi i}{\log 3},\ \pm\frac{3\pi i}{\log 3},\ \pm\frac{5\pi i}{\log 3},\ \cdots$$

となります。注目してほしいのは、すべて(実数)$\times i$という数に

なっている、ということ。別の言い方をすれば、「零点sの実部は、すべて0」ということになります。このような数は虚軸という一本の直線の上に並んでいます。

図 名人-2

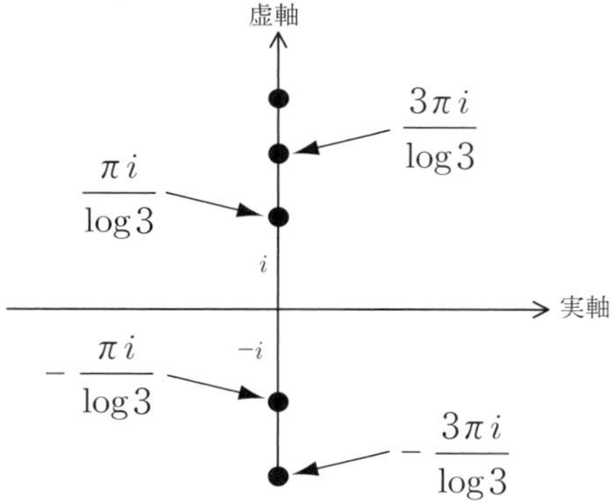

このように、有限ゼータ関数$\zeta_3(s)$のすべての零点は、実部が一定値0であり、虚軸に平行な一本の直線の上に並んでいます。この性質は、素数pについての$\zeta_p(s)$に対しても同じく成り立ちます。

Nが素数でない有限ゼータ関数$\zeta_N(s)$についても、同様に成り立ちます。例えば、$\zeta_6(s)$の零点は、$\zeta_2(s)\zeta_3(s)=\zeta_6(s)$であることから、$\zeta_2(s)$の零点と$\zeta_3(s)$の零点を併せたものになります。どちらの零点も上で述べたように、実部は0です。Nが素数べきの場合は、多少面倒ですが、そんなに難しくありません。例えば、$\zeta_9(s)$の零点を知りたい場合、

$$\frac{1}{1^s}+\frac{1}{3^s}+\frac{1}{9^s}=0$$

の両辺に $(1-\frac{1}{3^s})$ を掛けて、32ページの因数分解公式によって、

$$\frac{1}{1^s}-\frac{1}{27^s}=0$$

よって、零点 s は、$27^s=1$（ただし、$3^s\neq1$）を満たすことになります。したがって、やはり零点の実部は0となります。

バーゼル問題

ここでいったん、歴史の話をしておきましょう。ゼータ関数の研究は、18世紀のスイスの数学者オイラーからスタートしたと言えます。ゼータ研究の発端になったのは、「バーゼル問題」と呼ばれる難問でした。それは、「平方数の逆数の総和はいくつか」というもので、次の無限和を求める問題です。

$$\frac{1}{1^2}+\frac{1}{2^2}+\frac{1}{3^2}+\frac{1}{4^2}+\cdots$$

バーゼルはスイスの都市であり、たくさんの数学者を輩出したベルヌイ家やオイラーの出身地です。1728年にダニエル・ベルヌイが「きわめて8/5に近い」とゴールドバッハに書き送りました。翌年1729年に、ゴールドバッハはこの値を1.6437と1.6453の間の数だと突き止めています。オイラーは1731年にさらに精密な数値1.644934を得ました。その後、オイラーは執念で小数点以下20位まで計算しました。ここまで来てオイラーは、この数の正体がなん

であるかに気づいたのです。驚くべきことに、そこに円周率が現れました。オイラーが1735年にたどりついたその数値とは、

$$\frac{\pi^2}{6}$$

すなわち、「円周率の2乗を6で割った数」だったのです。実際、電卓で概算してみると、

$$\frac{\pi^2}{6} \approx \frac{3.14159265^2}{6} = 1.6449340 \cdots$$

たしかに同じ値となります。1735年時点でのオイラーの証明は不完全なものでしたが、その後10年にも及ぶ努力によって、完全無欠の証明を手に入れました。

無限個の因数分解

オイラーの証明は、$\sin x$の因数分解を利用するものでした。A級編259ページで解説したように、$\sin x$は無限次の多項式（テイラー展開）として次のように表現されます。

$$\sin x = \frac{1}{1!}x - \frac{1}{3!}x^3 + \frac{1}{5!}x^5 - \cdots + \frac{(-1)^{k-1}}{(2k-1)!}x^{2k-1} + \cdots \qquad \cdots\cdots①$$

この多項式を因数分解するのです。因数分解には零点が関与します。例えば、2次関数$f(x)=x^2-5x+6$の零点は、$f(2)=f(3)=0$となることから、$x=2, 3$です。このとき、この多項式は、次のように因数分解できます。

$$f(x)=(x-2)(x-3)$$

実際、$x=2$とすると左側のカッコ内が0となるので積は0、$x=3$とすると右側のカッコ内が0となるので、やはり積は0となります。この式は、xと零点の引き算を逆にし、6をくくり出しても同じままです。すなわち、

$$f(x)=x^2-5x+6=6\left(1-\frac{x}{2}\right)\left(1-\frac{x}{3}\right)$$

解が分母に来ていることに注目しておいてください。これを「零点に関する積」と呼びます。

このことは、たいていの関数$f(x)$に対して成り立ち、

$$f(x)=(\text{定数})\left\{\left(1-\frac{x}{\text{解}}\right)\text{の積}\right\}$$

という因数分解が得られます。これを$\sin x$に対して適用しようというわけです。

$f(x)=\sin x$とすると、この関数の零点は$x=0,\ \pm\pi,\ \pm 2\pi,\ \pm 3\pi,$ …です(252ページ参照)。このことから、$f(x)=\sin x$の「零点に関する積」は次のようになります。

$$f(x)=\sin x=\cdots\left(1+\frac{x}{3\pi}\right)\left(1+\frac{x}{2\pi}\right)\left(1+\frac{x}{\pi}\right)x\left(1-\frac{x}{\pi}\right)\left(1-\frac{x}{2\pi}\right)\left(1-\frac{x}{3\pi}\right)\cdots$$

ここで、真ん中のx以外は左右でペアができ、例えば

$$\left(1+\frac{x}{3\pi}\right)\left(1-\frac{x}{3\pi}\right)=1-\frac{x^2}{3^2\pi^2}$$

となるように、上式でプラス・マイナスだけが違う項を掛け算していけば、

$$f(x)=\sin x=x\left(1-\frac{x^2}{1^2\pi^2}\right)\left(1-\frac{x^2}{2^2\pi^2}\right)\left(1-\frac{x^2}{3^2\pi^2}\right)\cdots \quad \cdots\cdots②$$

と変形できます。①と②を結び付ければ、

$$\frac{1}{1!}x-\frac{1}{3!}x^3+\frac{1}{5!}x^5-\cdots+\frac{(-1)^{k-1}}{(2k-1)!}x^{2k-1}+\cdots$$

$$=x\left(1-\frac{x^2}{1^2\pi^2}\right)\left(1-\frac{x^2}{2^2\pi^2}\right)\left(1-\frac{x^2}{3^2\pi^2}\right)\cdots$$

両辺のx^3の係数を取り出し比較すれば、

$$-\frac{1}{3!}=-\frac{1}{1^2\pi^2}-\frac{1}{2^2\pi^2}-\frac{1}{3^2\pi^2}-\cdots$$

両辺に(-1)を掛け、さらにπ^2を掛けると、

$$\frac{\pi^2}{3!}=\frac{1}{1^2}+\frac{1}{2^2}+\frac{1}{3^2}+\cdots$$

となって、これがオイラーによるバーゼル問題の解決です。

以上の操作において、無限個の項を掛け算する「無限積」を正式に定義していません。また、無限個の解を持つ場合にも解による因数分解が可能であることも証明していません。しかし、なるべく初等的に解説する方針の本書ではこれらの厳密性に目をつぶって先を急ぎます。気になる人は［10］および［21］の教科書をご参照下さい。実は、「零点に関する積」が、このあとも素数を解明するパワフルな道具になります。

自然数のs乗の逆数和の収束と発散

オイラーは「バーゼル問題」を発展させて、

$$\frac{1}{1^4}+\frac{1}{2^4}+\frac{1}{3^4}+\frac{1}{4^4}+\cdots=\frac{\pi^4}{90}$$

や、

$$\frac{1}{1^6}+\frac{1}{2^6}+\frac{1}{3^6}+\frac{1}{4^6}+\cdots=\frac{\pi^6}{945}$$

などを計算しました。1735年のことですから、「バーゼル問題」解決と同じ年です。

「自然数のs乗の逆数和」に対して、オイラーよりおよそ百年あとのリーマンが$\zeta(s)$という記号を与えました。

$$\zeta(s)=\frac{1}{1^s}+\frac{1}{2^s}+\frac{1}{3^s}+\frac{1}{4^s}+\cdots$$

ということです。今後はこの記号を用いましょう。オイラーの発見はこの記号を使えば、

$$\zeta(2)=\frac{\pi^2}{6},\ \zeta(4)=\frac{\pi^4}{90},\ \zeta(6)=\frac{\pi^6}{945}$$

と記すことができます。

$\zeta(s)$について、$s<1$のとき、次の不等式を示すことができます。

$$\frac{1}{s-1}<\zeta(s)<\frac{s}{s-1} \qquad \cdots\cdots ③$$

右側の不等式は、$s>1$のとき、$\zeta(s)$が値を持つ（無限和が収束する）ことを意味しています。左側の不等式で$s\to 1$（大きい側から

近づける）とすれば、$1/(s-1)$がいくらでも大きくなって発散しますから、$s \to 1$のとき、$\zeta(s) \to \infty$となること、すなわち、$\zeta(1)=\infty$がわかります。このことは、六段編142〜143ページで示した、

$$\frac{1}{1}+\frac{1}{2}+\frac{1}{3}+\cdots+\frac{1}{n}+\cdots=\infty$$

と整合的です。

この不等式は、九段編の$T(n)$の評価を作ったときと同じ手法で、下図から証明できます。

ちなみにこのような図を用いた評価もオイラーの創案だそうです（[12]）。

図 名人-3

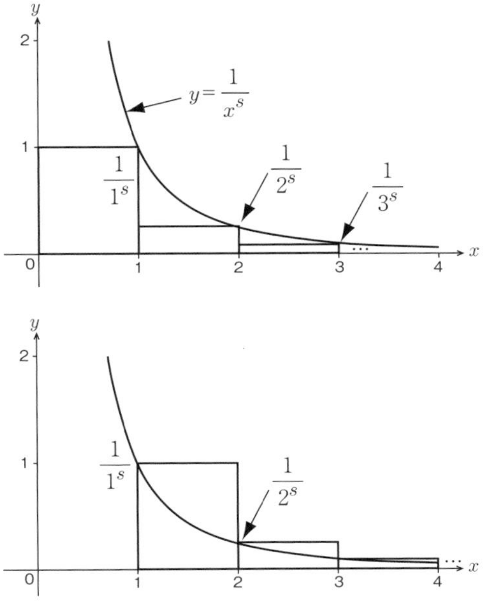

まず、一番目の図から、

（長方形の面積の和）≦1+（1より右の曲線とx軸の挟む面積）

となります。各長方形は底辺が1、高さが$1/n^s$ですから、面積は$1/n^s$。よって、

$$\frac{1}{1^s}+\frac{1}{2^s}+\frac{1}{3^s}+\cdots+\frac{1}{n^s}+\cdots<1+\int_1^{\infty}x^{-s}dx$$

となります。左辺は当然、$\zeta(s)$です。右辺を計算してみましょう。

$$F(x)=\frac{1}{-s+1}\ x^{-s+1}$$

を微分すると、201ページで解説したように

$$F'(x)=x^{-s}$$

となるので、「微積分学の基本定理」から、

$$1+\int_1^{\infty}x^{-s}dx=1+F(\infty)-F(1)=1+0-\frac{1}{1-s}<1+\frac{1}{s-1}=\frac{s}{s-1}$$

となります。これで③の右側の不等式が証明されました。

左側の不等式を得るには、二番目の図（一番目の図の各長方形を右に1ずつずらしたもの）から、

$$\text{（曲線と}x\text{軸の挟む、1より右側の領域の面積）}<\frac{1}{1^s}+\frac{1}{2^s}+\frac{1}{3^s}+\cdots+\frac{1}{n^s}+\cdots$$

となることを用います。右辺は当然、$\zeta(s)$です。左辺の積分を計算すると、

$$\int_1^{\infty}x^{-s}dx=F(\infty)-F(1)=\frac{1}{s-1}$$

ですから、③の左側の不等式が証明されました。

さらに③から、$s<1$のとき「自然数のs乗の逆数和」は発散することもわかります。なぜなら、$s<1$のとき各自然数nについて、$n^s<n$だから、$1/n<1/n^s$となって、$\infty=\zeta(1)\leqq\zeta(s)$となるからです。

発散級数の和

オイラーの研究が面白いのは、s<1の場合のs=0, −1, −2,…などにも計算を実行してみたことです。前節で述べたように、これらは∞に発散します。このような、通常の定義では無限大に発散する級数和を「発散級数の和」と言います。オイラーは、この和に「違う意味」を見出したのです。それは、s=0では、

$$"\frac{1}{1^0}+\frac{1}{2^0}+\frac{1}{3^0}+\frac{1}{4^0}+\cdots" = "1+1+1+1+\ \cdots\ " = -\frac{1}{2}$$

という計算です。"　"で挟んでいるのは、通常の意味での無限和でなく、「特別な意味での計算」であることを表しています。オイラーがこの結果を発見したのは1749年のことで、「バーゼル問題」から14年も経った後のことです。オイラーは他にも発散級数の和として、以下の式も得ています。

$$"\frac{1}{1^{-1}}+\frac{1}{2^{-1}}+\frac{1}{3^{-1}}+\frac{1}{4^{-1}}+\ \cdots"=" 1+2+3+4+\ \cdots\ "=-\frac{1}{12}$$

これは、全自然数の和が特別な意味の計算をすると、−1/12であることを意味します。

$$" \frac{1}{1^{-2}}+\frac{1}{2^{-2}}+\frac{1}{3^{-2}}+\frac{1}{4^{-2}}+\cdots "=" 1^2+2^2+3^2+4^2+\ \cdots\ "=0$$

これは全平方数の和が特別な意味の計算をすると、0であることを意味します。

$$" \frac{1}{1^{-3}}+\frac{1}{2^{-3}}+\frac{1}{3^{-3}}+\frac{1}{4^{-3}}+\ \cdots "=" 1^3+2^3+3^3+4^3+\ \cdots\ "=\frac{1}{120}$$

これは全立方数の和が特別な意味の計算をすると、1/120であることを意味します。

$$" \frac{1}{1^{-4}}+\frac{1}{2^{-4}}+\frac{1}{3^{-4}}+\frac{1}{4^{-4}}+\cdots "=" 1^4+2^4+3^4+4^4+\ \cdots\ "=0$$

これは全4乗数の和が特別な意味の計算をすると、0であることを意味します。まとめると、

$$\zeta(-4)=0,\ \zeta(-3)=\frac{1}{120},\ \zeta(-2)=0,$$

$$\zeta(-1)=-\frac{1}{12},\ \zeta(0)=-\frac{1}{2},$$

などとなります。このような「発散級数の和」の特別な意味での計算を明確に定義したのは、リーマンです。それについては、あとで解説します。

ゼータ関数と素数が結びつく

ゼータ関数に関するオイラーの驚くべき発見は、1737年になされました。それはゼータ関数$\zeta(s)$と素数との結びつきでした。次

の式です。

$$\zeta\ (s)\ = \frac{1}{1-\frac{1}{2^s}} \times \frac{1}{1-\frac{1}{3^s}} \times \frac{1}{1-\frac{1}{5^s}} \times \frac{1}{1-\frac{1}{7^s}} \times \cdots \qquad \cdots\cdots④$$

ここで、右辺はすべての素数にわたる積となっています。これを「オイラー積」と呼びます。

この式が意味するのは、

（全自然数に関する和）＝（全素数に関する積）

ということです。まったくもって驚異的な等式です。

この等式④が成り立つことを直感的に理解するには、有限ゼータ関数からアプローチするのがわかりやすいです。今、10以下の素数べきで最大のものを列挙してみましょう。

$$2^3,\ 3^2,\ 5^1,\ 7^1$$

がそれです。これらをすべて掛け算すると、$2^3 \times 3^2 \times 5^1 \times 7^1 = 2520$ です。1から10までの自然数はすべてこの2520の約数となっています。なぜなら、1から10までの自然数はみな、

$$2^a \times 3^b \times 5^c \times 7^d\ (a=0,\ 1,\ 2,\ 3\ ;\ b=0,\ 1,\ 2\ ;\ c=0,\ 1\ ;\ d=0,\ 1)$$

と表すことができるからです。したがって、有限ゼータ関数 $\zeta_{2520}(s)$ は、2520の約数に関する和になりますから、

$$\zeta_{2520}(s) = \frac{1}{1^s} + \frac{1}{2^s} + \frac{1}{3^s} + \frac{1}{4^s} + \frac{1}{5^s} + \frac{1}{6^s} + \frac{1}{7^s} + \frac{1}{8^s} + \frac{1}{9^s} + \frac{1}{10^s} + \cdots \qquad \cdots\cdots⑤$$

となります。ちなみに、「…」の部分は、

$$\frac{1}{12^s}+\frac{1}{14^s}+\frac{1}{15^s}+\frac{1}{18^s}+\cdots+\frac{1}{2520^s}$$

とトビトビの自然数になり、2520で終わります。「…」の部分をRと記すことにします。

他方、有限ゼータ関数の「オイラー積」から、

$$\zeta_{2520}(s)=\zeta_{2^3}(s)\ \zeta_{3^2}(s)\ \zeta_5(s)\ \zeta_7(s)$$

となります。右辺を具体的に書くと、

$$\zeta_{2520}(s)=\left(\frac{1}{1^s}+\frac{1}{2^s}+\frac{1}{4^s}+\frac{1}{8^s}\right)\left(\frac{1}{1^s}+\frac{1}{3^s}+\frac{1}{9^s}\right)\left(\frac{1}{1^s}+\frac{1}{5^s}\right)\left(\frac{1}{1^s}+\frac{1}{7^s}\right) \quad \cdots\cdots⑥$$

となります。式⑤と式⑥から、

$$\frac{1}{1^s}+\frac{1}{2^s}+\frac{1}{3^s}+\frac{1}{4^s}+\frac{1}{5^s}+\frac{1}{6^s}+\frac{1}{7^s}+\frac{1}{8^s}+\frac{1}{9^s}+\frac{1}{10^s}+R$$
$$=\left(\frac{1}{1^s}+\frac{1}{2^s}+\frac{1}{4^s}+\frac{1}{8^s}\right)\left(\frac{1}{1^s}+\frac{1}{3^s}+\frac{1}{9^s}\right)\left(\frac{1}{1^s}+\frac{1}{5^s}\right)\left(\frac{1}{1^s}+\frac{1}{7^s}\right)$$

が得られます。今は10以下の素数べきの最大を考えてこの等式を得ましたが、100以下の素数べきの最大とすると、左辺は、

$$\zeta(s)=\frac{1}{1^s}+\frac{1}{2^s}+\frac{1}{3^s}+\frac{1}{4^s}+\cdots+\frac{1}{100^s}+R'$$

となり、右辺は97以下の全素数を扱って、

$$\left(\frac{1}{1^s}+\frac{1}{2^s}+\frac{1}{4^s}+\cdots\right)\left(\frac{1}{1^s}+\frac{1}{3^s}+\frac{1}{9^s}+\cdots\right)\cdots\left(\frac{1}{1^s}+\frac{1}{97^s}\right)$$

となります。以下$s>1$で考えます。このようにN以下の素数を考え$N\to\infty$として行けば、左辺は$\zeta(s)$に、右辺は、

$$\left(\frac{1}{1^s}+\frac{1}{2^s}+\frac{1}{4^s}+\cdots\right)\left(\frac{1}{1^s}+\frac{1}{3^s}+\frac{1}{9^s}+\cdots\right)\cdots\left(\frac{1}{1^s}+\frac{1}{p^s}+\frac{1}{p^{2s}}+\cdots\right)\cdots \quad \cdots\cdots⑦$$

に近づくと考えられます(すべての素数pにわたる積)。ここで205ページのテイラー展開、

$$\frac{1}{1-x}=1+x+x^2+x^3+\cdots \qquad \cdots\cdots⑧$$

を思い出しましょう。この式において、$x=1/p^s$と置けば、

$$\frac{1}{1^s}+\frac{1}{p^s}+\frac{1}{p^{2s}}+\cdots=\frac{1}{1-\frac{1}{p^s}} \qquad \cdots\cdots⑨$$

が得られます。したがって、式⑦は、

$$\frac{1}{1-\frac{1}{2^s}}\times\frac{1}{1-\frac{1}{3^s}}\times\frac{1}{1-\frac{1}{5^s}}\times\frac{1}{1-\frac{1}{7^s}}\times\cdots$$

となり、「オイラー積」が現れます。

今の説明は「直感的」なものであることを付記しておきます。この方法では、素数を増やすことと、そのべき乗を増やすことを同時に行っています。厳密にオイラー積の等式④を証明するには、次のようにします(上記で納得した人は飛ばしてよいです)。

式④の右辺をx未満の素数のみにしておきます。すると、式⑨を用いて今と同じ議論をすることで、式④の右辺を展開した式は

「x未満の素数だけで素因数分解される自然数のs乗の逆数」をすべて含みます。したがって、左辺$\zeta(s)$との差は、「x以上の素数を素因数として含む自然数のs乗の逆数」の総和になり、これは明らかに「x以上の自然数のs乗の逆数」の総和より小さくなります。この「x以上の自然数のs乗の逆数」の総和は$x \to \infty$において、0に収束することは140ページの議論と同じです。

このことから、$\zeta(s)$がオイラー積で表されることがわかります。

オイラー積を応用する

オイラーは「オイラー積」を応用して、「素数の逆数和が無限大である」ことを証明しました。本書では147～152ページですでにエルデシュの証明を与えてありますが、ゼータ関数の威力を見るためと、後で紹介する定理への応用のためにオイラーの証明を紹介しましょう（[12]）。

式④の両辺の対数をとります。

$$\log \zeta(s) = \log \left(\frac{1}{1-\frac{1}{2^s}} \times \frac{1}{1-\frac{1}{3^s}} \times \frac{1}{1-\frac{1}{5^s}} \times \frac{1}{1-\frac{1}{7^s}} \times \cdots \right) \quad \cdots\cdots ⑩$$

ちなみにこの「$\log \zeta(s)$」が、後で大活躍をすることになる計算です。

対数法則、$\log \frac{1}{a} = \log a^{-1} = -\log a$と$\log(ab) = \log a + \log b$から、右辺は、

$$-\log\left(1-\frac{1}{2^s}\right)-\log\left(1-\frac{1}{3^s}\right)-\cdots \qquad \cdots\cdots ⑪$$

となります。ここで、$\log(1+x)$のテイラー展開（210ページ）

$$\log(1+x)=x-\frac{1}{2}x^2+\frac{1}{3}x^3-\frac{1}{4}x^4\cdots+\frac{(-1)^{n-1}}{n!}x^n+\cdots$$

を用いれば、

$$\begin{aligned}-\log\left(1-\frac{1}{2^s}\right)&=-\left(-\frac{1}{2^s}-\frac{1}{2}\frac{1}{2^{2s}}-\frac{1}{3}\frac{1}{2^{3s}}-\cdots\right)\\&=\frac{1}{1}\frac{1}{2^s}+\frac{1}{2}\frac{1}{2^{2s}}+\frac{1}{3}\frac{1}{2^{3s}}+\cdots+\frac{1}{k}\frac{1}{2^{ks}}+\cdots \qquad \cdots\cdots ⑫\end{aligned}$$

です。同様にして、素数3については、

$$-\log\left(1-\frac{1}{3^s}\right)=\frac{1}{1}\frac{1}{3^s}+\frac{1}{2}\frac{1}{3^{2s}}+\frac{1}{3}\frac{1}{3^{3s}}+\cdots+\frac{1}{k}\frac{1}{3^{ks}}+\cdots$$

となります。ここで、どちらの初項にも「素数のs乗の逆数」が出てくることに注意しましょう。したがって、「素数のs乗の逆数」の総和を、

$$P(s)=\frac{1}{1^s}+\frac{1}{2^s}+\frac{1}{5^s}+\cdots$$

と置けば、式⑩の右辺$=P(s)+$（残りの項の和）、と書けます。証明のポイントを先回りして書くと、次のようです。この式における「（残りの項の和）」が1より小さいことが示せます（このあと、証明を書きます）。したがって、式⑩から、

$$\log\zeta(s)=P(s)+(\text{残りの項の和})<P(s)+1$$

がわかります。これと、式③の$1/(s-1)<\zeta(s)$から、対数をとることで、

$$\log\left(\frac{1}{s-1}\right)-1<\log\,\zeta(s)-1<P(s)$$

が得られます。ここで、$s\rightarrow 1$(大きいほうから近づける)とすると、前の節で述べた通り、最初の項は∞に発散しますから、$P(s)$も∞に発散します。$s\rightarrow 1$のとき、$P(s)$は「全素数の逆数和」に近づくので、(全素数の逆数和)$=\infty$、が証明されることになります。これがオイラーの1737年の導出です。

以下、(残りの項)<1を示しますが、わりと入り組んでいるので、面倒だったら飛ばして先に進んでかまいません。

(残りの項の和)とは、

$$\left(\frac{1}{2}\frac{1}{2^{2s}}+\frac{1}{3}\frac{1}{2^{3s}}+\cdots+\frac{1}{k}\frac{1}{2^{ks}}+\cdots\right)+\left(\frac{1}{2}\frac{1}{3^{2s}}+\frac{1}{3}\frac{1}{3^{3s}}+\cdots+\frac{1}{k}\frac{1}{3^{ks}}+\cdots\right)+\cdots$$

となります。この和で、各カッコの最初に出てくる「係数が1/2の項」をまとめて合計すれば、和は$P(s)$の各指数を$2s$としたものですから、

$$\frac{1}{2}\left(\frac{1}{2^{2s}}+\frac{1}{3^{2s}}+\frac{1}{5^{2s}}+\cdots\right)=\frac{1}{2}P(2s)$$

となります。同様に、「係数が1/3の項」の和は、$(1/3)P(3s)$となりますから、

$$(\text{残りの項の和})=\frac{1}{2}P(2s)+\frac{1}{3}P(3s)+\frac{1}{4}P(4s)+\cdots$$

と書けます。ここで、$s\geqq 1$ならば$1/p^{ks}\leqq 1/p^{k}$ですから、上の和で

$P(ks)$をすべて$P(k)$に置き換えれば、和はもっと大きくなります。つまり、

$$(\text{残りの項の和})\leqq \frac{1}{2}P(2)+\frac{1}{3}P(3)+\frac{1}{4}P(4)+\cdots$$

となります。さらに係数を全部1にすればもっと大きくなりますから、

$$(\text{残りの項の和})\leqq P(2)+P(3)+P(4)+\cdots$$

この右辺は、

$$\left(\frac{1}{2^2}+\frac{1}{3^2}+\frac{1}{5^2}+\cdots\right)+\left(\frac{1}{2^3}+\frac{1}{3^3}+\frac{1}{5^3}+\cdots\right)+\left(\frac{1}{2^4}+\frac{1}{3^4}+\frac{1}{5^4}+\cdots\right)+$$

各和は素数全体にわたるものです。ここで、素数2の項だけを取り出すと、

$$\frac{1}{2^2}+\frac{1}{2^3}+\frac{1}{2^4}+\cdots=\frac{\frac{1}{2^2}}{1-\frac{1}{2}}=\frac{1}{2^2-2}$$

となります。1番目から2番目への計算は、式⑧(にx^2を掛けたもの)を使っています。

素数2以外の素数の項についても同様ですから、

$$(\text{残りの項の和})\leqq \frac{1}{2^2-2}+\frac{1}{3^2-3}+\frac{1}{5^2-5}+\cdots$$

となります。これは全素数にわたる和ですが、素数でない整数も間に埋めてさらに大きくすれば、

$$(\text{残りの項の和})< \frac{1}{2^2-2}+\frac{1}{3^2-3}+\frac{1}{4^2-4}+\frac{1}{5^2-5}+\frac{1}{6^2-6}+\cdots$$

が得られます。今、

$$\frac{1}{k^2-k}=\frac{1}{k(k-1)}=\frac{1}{(k-1)}-\frac{1}{k}$$

に注目すれば、和をとるときに打ち消し合いが生じて、

$$(\text{残りの項の和})<\left(\frac{1}{1}-\frac{1}{2}\right)+\left(\frac{1}{2}-\frac{1}{3}\right)+\left(\frac{1}{3}-\frac{1}{4}\right)+\cdots=1$$

が得られます。

等差数列の中の素数 ～ディリクレの算術級数定理

44ページで解説したように、次の定理が成り立ちます。

〈ディリクレの算術級数定理〉

初項aと公差dが互いに素であるような等差数列には、無限個の素数が含まれる。

ディリクレは、「オイラーの素数定理」の前節での証明を応用して、この定理を証明しました。ここでは、初段編で解説した「$4n+1$型素数、$4n+3$型素数はともに無限にある」を例に、証明の概説をします。

まず、次のような関数を考えます。

$$L_1(s)=\frac{1}{1^s}-\frac{1}{3^s}+\frac{1}{5^s}-\frac{1}{7^s}+\frac{1}{9^s}-\frac{1}{11^s}+\cdots \qquad \cdots\cdots(1)$$

これは、「ディリクレのL関数」と名付けられています。分母は

奇数のs乗から成り、係数は4で割って1余る奇数では+1、4で割って3余る奇数では-1となっています。一般のL関数は、

$$\frac{a_1}{1^s}+\frac{a_2}{2^s}+\frac{a_3}{3^s}+\frac{a_4}{4^s}+\cdots \qquad \cdots\cdots (2)$$

という形をしています。上記のディリクレのL関数は、

$k\equiv 1 \pmod 4$ ならば、$a_k=1$

$k\equiv 3 \pmod 4$ ならば、$a_k=-1$

$k\equiv 0, 2 \pmod 4$ ならば、$a_k=0$

の場合にあたります。

この$L_1(s)$もオイラー積表示を持っています。それは以下です。

$$L_1(s)=\frac{1}{1-\frac{(-1)}{3^s}}\times\frac{1}{1-\frac{1}{5^s}}\times\frac{1}{1-\frac{(-1)}{7^s}}\times\frac{1}{1-\frac{(-1)}{11^s}}\times\cdots \qquad \cdots\cdots (3)$$

積は、奇素数すべてにわたります。各分母に、素数pに関する$e(p)/p^s$が出てきますが、素数pが$4n+1$型のときは$e(p)=1$で、$4n+3$型のときは$e(p)=-1$と定義されます。

なぜ、このオイラー積が(1)と等しいかというと、例えば、(1)での1/21の係数は+1ですが、オイラー積(3)から出てくる1/21の係数は、$e(3)e(7)=(-1)\times(-1)=+1$となって一致するからです。

一般に、$k\equiv 1 \pmod 4$なら、kの素因数には$4n+3$型素数が偶数個含まれ、したがって素因数の$e(p)$たちの積は+1となります。$k\equiv 3 \pmod 4$なら、kの素因数には$4n+3$型素数が奇数個含まれ、したがって素因数の$e(p)$たちの積は-1となります。それでオイラー積(3)は(1)と一致するのです。

ここで前節と同様に、$\log L_1(s)$ をテイラー展開しましょう。すると、前節の議論と全く同様に、すべての奇素数にわたる、

$$P_1(s)=\frac{-1}{3^s}+\frac{+1}{5^s}+\frac{-1}{7^s}+\frac{-1}{11^s}+\ \cdots\ +\frac{e(p)}{p^s}+\cdots \qquad \cdots\cdots\ (4)$$

に関して、

$$\log L_1(s)=P_1(s)+(\text{残りの項の和}) \qquad \cdots\cdots\ (5)$$

が得られます。$|(\text{残りの項の和})|<1$ であることも前節と同様に証明できます。

次に、(2) において、

$$k\equiv 1,3 \pmod 4 \text{ならば、} a_k=1$$

$$k\equiv 0,2 \pmod 4 \text{ならば、} a_k=0$$

とした L 関数を考えます。それは、

$$L_2(s)=\frac{1}{1^s}+\frac{1}{3^s}+\frac{1}{5^s}+\frac{1}{7^s}+\frac{1}{9^s}+\frac{1}{11^s}+\ \cdots \qquad \cdots\cdots\ (6)$$

です。この $L_2(s)$ のオイラー積表示は、

$$L_1(s)=\frac{1}{1-\frac{1}{3^s}}\times\frac{1}{1-\frac{1}{5^s}}\times\frac{1}{1-\frac{1}{7^s}}\times\frac{1}{1-\frac{1}{11^s}}\times\cdots \qquad \cdots\cdots\ (7)$$

です。このことは、リーマン・ゼータ関数と同じ仕組みなので、納得できるでしょう。これについても、すべての奇素数にわたる、

$$P_2(s)=\frac{1}{3^s}+\frac{1}{5^s}+\frac{1}{7^s}+\frac{1}{11^s}+\ \cdots\ +\frac{1}{p^s}+\ \cdots \qquad \cdots\cdots\ (8)$$

に関して、

$$\log L_2(s)=P_2(s)+(\text{残りの項の和}) \qquad \cdots\cdots\ (9)$$

が得られます。|(残りの項の和)|<1も同様です。

ここで、{(4)+(8)}÷2に注目しましょう。まず、右辺では、

$$\frac{1}{2}\left(P_1(s)+P_2(s)\right)=\frac{1}{5^s}+\frac{1}{13^s}+\frac{1}{17^s}+\frac{1}{29^s}+\cdots \qquad \cdots\cdots(10)$$

となって、$4n+1$型素数だけが取り出されます。(5)(9) から、

$$\frac{1}{2}\left(\log L_1(s)+\log L_2(s)\right)$$

と(10)との差は有限値です。ところが$s\to1$とすれば、$L_2(s)\to\infty$となるので、(10)$=\infty$ でなければなりません。

これで、$4n+1$型素数が無限個あることが示されました。そればかりでなく、「$4n+1$型素数の逆数和が無限大である」という驚異の結果までおまけとして得られます。

$4n+3$型素数のほうについては、

$$\frac{1}{2}\left(-P_1(s)+P_2(s)\right)$$

について、同様に分析すればわかります。

一般の場合はどうすればよいのでしょうか？初項aと公差dが互いに素であるような等差数列に対しては、関数$e(p)$を、次のように定義します。わかりやすさを優先して、公差$d=10$の場合で説明します。10と互いに素な10以下の自然数は1, 3, 7, 9の4個です。これらは、法10で掛け算について閉じています。例えば、$3\times7\equiv1 \pmod{10}$などです。ここで、集合{1, 3, 5, 7}から複素数への関数で、

$$e(1)=1,\ e(xy)=e(x)e(y)$$

を満たすものを見つけます（xyは法10での値）。

$$3 \equiv 3,\ 3^2 \equiv 9,\ 3^3 \equiv 7,\ 3^4 \equiv 1 \pmod{10}$$

だから、$e(3)$を決めれば、$e(9)=e(3)^2$、$e(7)=e(3)^3$と値が決まります。だから$e(3)$を求めます。$e(3)$は

$$e(3)^4=e(3^4)=e(1)=1$$

を満たすので、$e(3)=\pm 1, \pm i$でなければいけません。したがって、関数$e(p)$は4通りできます。この4通りの$e(p)$それぞれに関して、4個のオイラー積、5以外のすべての奇素数にわたる、

$$L_e(s)=\frac{1}{1-\frac{e(3)}{3^s}} \times \frac{1}{1-\frac{e(7)}{7^s}} \times \frac{1}{1-\frac{e(11)}{11^s}} \times \cdots$$

を作ります。あとは、さきほどと同じ分析をすれば、$10n+1$型素数、$10n+3$型素数、$10n+7$型素数、$10n+9$型素数について、それぞれ無限個存在することが証明できる仕組みなのです。ただし、一般的な証明はけっこうハードです（[24]）。

天才リーマンの登場！

オイラーが研究した「発散級数の和」で紹介した「特別な計算」を、きちんと数学的に定義したのは、ドイツの数学者リーマンでした。リーマンは1826年に生まれ、1866年に39歳という若さで胸の病いで亡くなりました。短命でしたが、非常に多くの業績を残した天才数学者です。ガウスとディリクレのもとで数学を学び、複素関数論を発展させた「リーマン面」を創案しました。さらには、貼り合わせで作られる図形「多様体」の概念を生み出し「リーマン幾何

学」を確立したり、幾何図形を分類するための「モジュライ空間」の先駆的研究を行ったりしました。

とりわけ、1854年に書いた論文「与えられた大きさ以下の素数の個数について」は、その後の数学を塗り替えるものでした。それはゼータ関数を複素数全体で定義し、それを使ってx以下の素数の個数$\pi(x)$をゼータ関数の零点によって表現する「リーマンの明示公式」を与えるものでした。そして、その論文で、その後150年以上も未解決となる超難問「リーマン予想」を提示したのです。

発散級数を計算する解析接続

前の節で、「自然数のs乗の逆数和」が$s \leqq 1$のとき∞に発散することを説明しました。にもかかわらず、オイラーは$s=0, -1, -2, \cdots$に対する値を計算しました。このオイラーのこの「特別な計算」を正当化し一般化したのがリーマンでした。

リーマンは、「自然数のs乗の逆数和」を「解析接続」という技術によって、複素数全体で定義できるようにしたのです（ただし、$s(1)=\infty$ですが）。A級編でガンマ関数を題材に解説したように、解析接続とは複素数の一部の領域で定義された関数をより広い領域に拡張する技術です。いま、「自然数のs乗の逆数和」、

$$\frac{1}{1^s}+\frac{1}{2^s}+\frac{1}{3^s}+\frac{1}{4^s}+\cdots \qquad \cdots\cdots ⑬$$

は、（sの実部）>1では値を持っています（実はsが複素数の場合を扱ってきませんでしたが、絶対値$|\zeta(s)|$の収束を考えればいいだ

けなのでそんなに難しくはありません)。そこで、式⑬とは異なる計算をする関数 $f(s)$ で、(s の実部) > 0で定義され、(s の実部)>1では式⑬と計算結果が一致するものを見つけます。複素関数の理論から、このような関数は唯一に決まることが示されています(一致の定理)。このとき、関数 $f(s)$ を「関数⑬の (s の実部) > 0への解析接続」と呼びます。関数 $f(s)$ は式⑬の「拡張」と考えられます。

次に、$f(s)$ とは異なる計算をする関数 $g(s)$ で、(s の実部)>−1で定義され、(s の実部) >0では $f(s)$ と計算結果が一致するものを作ります。これも「一致の定理」から唯一です。このようにしてどんどん定義域を広げていって、最終的に複素数全体を定義域とする関数 $h(s)$ を作ります(ただし、$s=1$ では∞になることに注意します)。これが、(s の実部) >1で定義された式⑬で表される関数の解析接続なのです。象徴的に言えば、$h(s)$ は、($s \neq 1$ なる) 複素数全体で値を持つけれど、(s の実部) >1では式⑬で計算をするような関数であり、したがって、式⑬を複素数全体に拡張したものと見なすことができます。A級編280〜282ページで同じことをガンマ関数について解説していますので、そちらも参照してください。

関数⑬を具体的に複素数全体に解析接続してみましょう。いろいろな方法がありますが、わりあい初等的な方法で行うことにします(実は、以下の方法には少し問題があるのですが、その点はあとで説明します)。いまのところ、$\zeta(s)$ は (s の実部) >1では、

$$\zeta(s)=\frac{1}{1^s}+\frac{1}{2^s}+\frac{1}{3^s}+\frac{1}{4^s}+\cdots$$

と定義されています。わかりやすさを優先して、負の指数を使って

$$\zeta(s)=1+2^{-s}+3^{-s}+4^{-s}+\cdots$$

と書いておきます。これを、

$$\zeta(s)=1+(1+1)^{-s}+(2+1)^{-s}+(3+1)^{-s}+\cdots \qquad \cdots\cdots⑭$$

と書き直します。ここで、$(2+1)^{-s}$は次のように変形できます。

$$(2+1)^{-s}=\left\{2\left(1+\frac{1}{2}\right)\right\}^{-s}=2^{-s}\ \ (1+2^{-1})^{-s}$$

そして、ここがカギとなるのですが、最後のカッコをＡ級編264ページの「一般化された2項定理」を使って展開します。一般化した2項定理とは、一般の複素数tに対して、

$$(1+x)^{t}=1+\binom{t}{1}x+\binom{t}{2}x^{2}+\binom{t}{3}x^{3}+\cdots$$

です。tが正の整数の場合は有限項で終わり普通の2項定理と一致します。正の整数でないtの場合は、無限和になります。この定理において、$t=-s$、$x=2^{-1}$と置けば、

$$(1+2^{-1})^{-s}=1+\binom{-s}{1}2^{-1}+\binom{-s}{2}2^{-2}+\binom{-s}{3}2^{-3}+\cdots$$

となります。したがって、

$$\begin{aligned}(2+1)^{-s}&=2^{-s}(1+2^{-1})^{-s}\\&=2^{-s}+\binom{-s}{1}2^{-s-1}+\binom{-s}{2}2^{-s-2}+\binom{-s}{3}2^{-s-3}+\cdots\end{aligned}$$

同様に、

$$(1+1)^{-s}=1^{-s}+\binom{-s}{1}1^{-s-1}+\binom{-s}{2}1^{-s-2}+\binom{-s}{3}1^{-s-3}+\cdots$$

$$(3+1)^{-s}=3^{-s}+\binom{-s}{1}3^{-s-1}+\binom{-s}{2}3^{-s-2}+\binom{-s}{3}3^{-s-3}+\cdots$$

などとなります。式⑭の右辺の各項の2項展開(最初の3つについては上記で具体的に書いた)の第1項を取り出して総和すると、

$$1+2^{-s}+3^{-s}+4^{-s}+\cdots$$

となり、式⑭の右辺に再び$\zeta(s)$が登場します。次に、係数が$\binom{-s}{1}$の項をそれぞれ取り出して総和すると、

$$\binom{-s}{1}(1+2^{-s-1}+3^{-s-1}+4^{-s-1}+\cdots)$$

となり、$\binom{-s}{1}=-s$と、カッコ内が$\zeta(s+1)$となることから、この計算は、

$$-s\,\zeta(s+1)$$

となります。さらに、係数が$\binom{-s}{2}$の項をそれぞれ取り出して総和すると、

$$\frac{(-s)(-s-1)}{2!}\zeta(s+2)=\frac{s(s+1)}{2!}\zeta(s+2)$$

となります。もう一つだけやりましょう。係数が$\binom{-s}{3}$の項をそれぞれ総和すると、

$$\frac{(-s)(-s-1)(-s-2)}{3!}\zeta(s+3)=-\frac{s(s+1)(s+2)}{6}\zeta(s+3)$$

となります。

これらから、式⑭は、

$$\zeta(s)=1+\zeta(s)-s\,\zeta(s+1)+\frac{s(s+1)}{2}\zeta(s+2)$$
$$-\frac{s(s+1)(s+2)}{6}\zeta(s+3)+\cdots$$

と書けます。この両辺から$\zeta(s)$を引き算して、$-s\,\zeta(s+1)$を左辺に移項して、sで割り算すれば、

$$\zeta(s+1)=\frac{1}{s}+\frac{s+1}{2}\,\zeta(s+2)-\frac{(s+1)(s+2)}{6}\,\zeta(s+3)+\cdots$$

と書けます。ここで、sを$s-1$に置き換えます。

$$\zeta(s)=\frac{1}{s-1}+\frac{s}{2}\,\zeta(s+1)-\frac{s(s+1)}{6}\,\zeta(s+2)+\cdots \qquad \cdots\cdots⑮$$

この式は、左辺の$\zeta(s)$が右辺の $s+1,\ s+2,\ \cdots$におけるゼータ関数の値から再計算されることを表しています。ただし、sを$s-1$に置き換えたため、この式が成立する範囲は、(sの実部)>2となっています。ここで⑮の右辺を改めて$f(s)$と記しましょう。(sの実部)>2では、式⑭から、明らかに、$\zeta(s)=f(s)$が成り立っています。ところが、右辺のゼータ関数の入力は$s+1,\ s+2,\ \cdots$ですから、$f(s)$は(sの実部)>1でも計算可能です。左辺の$\zeta(s)$ももちろん(sの実部)>1で計算可能です。すると、(sの実部)>2の領域で$\zeta(s)=f(s)$となっていることから、「一致の定理」によって、(sの実部)>1の領域でも$\zeta(s)=f(s)$となります。つまり、等式⑮は(sの実部)>1でも成立している、ということです。ここで大事なことは、(sの実部)>2では、$\zeta(s)=f(s)$は単なる⑭の式変形にすぎないけれど、2≧(sの実部)>1では、複素関数の性質によって$\zeta(s)=f(s)$が成り立っている、ということです。

さて、ここからが重要です。式⑮の右辺として定義された$f(s)$は、ゼータ関数の入力が、$s+1,\ s+2,\ \cdots$であることから、1≧(sの実部)>0でも計算可能です(入力される複素数の実部が1

より大になるから)。もちろん、左辺$\zeta(s)$は「自然数のs乗の逆数和」と捉えると、前の節で解説したように、$1\geqq$(sの実部)>0の範囲では発散しています。そこで、$1\geqq$(sの実部)>0の範囲では、右辺$f(s)$の値をして$\zeta(s)$の値と改めて定義するのです。このように定義すれば、$\zeta(s)$の定義を$1\geqq$(sの実部)>0の範囲に拡張することができます。先ほど述べたように、(sの実部)>1の範囲では$f(s)$の値は$\zeta(s)$の値と一致していますから、(sの実部)>0の範囲に拡張された$\zeta(s)$は、(sの実部)>1の範囲では「自然数のs乗の逆数和」と値が一致します。(一致の定理から)これは唯一の拡張となります。

ここで、もう一度式⑮を見てみましょう。今、$\zeta(s)$は(sの実部)>0で計算可能となりました。これが次なるステップを生み出します。右辺のゼータ関数の入力が$s+1$, $s+2$, …であることから、(右辺の各$\zeta(*)$を$f(*)$だと解釈すれば)、右辺には(sの実部)>-1なる複素数が代入可能となります。このように計算される右辺の値を改めて$\zeta(s)$の値と定義すれば、$\zeta(s)$は(sの実部)>-1で計算可能となります。これで(sの実部)>-1の範囲に解析接続できました。感触を得るために、この解析接続で$\zeta(0)$の値を計算してみましょう。式⑮をもう一度書くと、

$$\zeta(s)=\frac{1}{s-1}+\frac{s}{2}\zeta(s+1)-\frac{s(s+1)}{6}\zeta(s+2)+\cdots \quad \cdots\cdots ⑮再掲$$

これに$s=0$を代入します。第1項は$1/(0-1)=-1$、第3項以降は係数の分子にsが含まれるのですべて0になります。問題になるのは、第2項です。$\zeta(0+1)=\infty$ですから、第2項は、$0\times\infty$という不

定形になります。不定形は一般には0になったり、無限大になったり、有限値になったりケースバイケースです。そこで、この式の両辺に、$(s-1)$を掛けます。

$$(s-1)\zeta(s)=1+(s-1)\frac{s}{2}\zeta(s+1)-(s-1)\frac{s(s+1)}{6}\zeta(s+2)+\cdots$$

この式の両辺で、$s\to1$とした極限を考えます。左辺は$(s-1)\to0$および$\zeta(s)\to\infty$となり、$s\zeta(s+1)\ (s\to0)$の計算と同じものです。一方、右辺は、最初の項以外0に収束します。したがって、(左辺の極限) = {$(s-1)\ \zeta(s)$の極限} =1が示されました。このことは、$s\to0$のとき、$s\zeta(s+1)\to1$であることを意味します。以上から、先ほどの式⑮再掲に$s=0$を代入すると、

$$\zeta(0)=-1+\frac{1}{2}+0+0+\cdots=-\frac{1}{2}$$

これは299ページで紹介したオイラーの計算と整合的です。このことを、299ページで、

$$\text{“}\frac{1}{1^0}+\frac{1}{2^0}+\frac{1}{3^0}+\frac{1}{4^0}+\ \cdots\text{''}=\text{“}1+1+1+1+\ \cdots\text{''}=-\frac{1}{2}$$

と記しました。この式を解析接続を使って解釈すると以下のようになります。「自然数の0乗の逆数和」というのは、通常の計算では発散するけれど、解析接続した関数で計算すれば値は−1/2となります。その解析接続は、もともとは「自然数のs乗の逆数和」だったわけですから、この値も「自然数の0乗の逆数和」の値だと解釈しようというわけです。“　"で挟むのは、「解析接続で計算してま

すよ」ということを意味しているということです。

実は「今の解析接続の方法では収束の問題を起こす」らしいです。詳しくは、[11]を参照して下さい。

ゼータ関数の解析接続で重要なことは、「自然数のs乗の逆数和」を複素数全体に解析接続した関数は確かに存在するけれど、それを簡単なひとつの計算式で書くことはできない、ということです。(sの実部)>1の範囲では「自然数のs乗の逆数和」だけれど、そこ以外では似ても似つかない計算になる、ということです。また、「自然数のs乗の逆数和」の解析接続の表現は、上で紹介したもの以外にもいろいろ存在します。例えば、「リーマンの第1積分表示」や「リーマンの第2積分表示」などです([12])。これらは、見た目には式⑮と全く異なる計算式ですが、どれで計算してもゼータ関数の値は同一になります。なぜなら、(一致の定理から)、解析接続は唯一に限られるからです。

このように複素数全体に解析接続された$\zeta(s)$を「リーマン・ゼータ関数」と呼びます。$\zeta(s)$は、sが負の偶数のとき0になることがわかっています。また、実数sで$\zeta(s)=0$となるsは負の偶数に限られていることも示されています。

リーマン・ゼータ関数の関数等式

前のほうの節で、ゼータ関数すべてに共通すると予想される性質が3つあると述べました。第一は「関数等式を持つ」という性質、第二は「オイラー積表示を持つ」という性質、第三は「零点が直線を成す」という性質でした。この三つは有限ゼータ関数では成り立っていました。リーマン・ゼータ関数ではどうでしょうか。

式④で提示したように、リーマン・ゼータ関数は「オイラー積」表示を持っています。次に「関数等式」ですが、次のような等式がリーマンによって発見されました。

$$\zeta(1-s)=\zeta(s)\,2(2\pi)^{-s}\,\Gamma(s)\cos\left(\frac{\pi s}{2}\right) \qquad \cdots\cdots ⑯$$

ちなみに、$\Gamma(s)$はA級編275ページで説明している「ガンマ関数」です。式⑯は、「ゼータ関数の$1-s$に対する値が、sに対する値から計算できる」ということを意味しています。「ゼータ関数が$1-s$に対する値とsに対する値で、ある種の対称性を持っている」と解釈することができるのです。例えば、$s=2$を代入すると、左辺は、

$$\zeta(-1)=-\frac{1}{12}$$

(300ページ参照)。右辺は、

$$\zeta(2)\,2(2\pi)^{-2}\,\Gamma(2)\cos\left(\frac{2\pi}{2}\right)=\frac{\pi^2}{6}\times\frac{1}{2\pi^2}\times 1\times(-1)=-\frac{1}{12}$$

となって、たしかに一致しています。さらには、sが3以上の奇数のときは、$\cos(\pi s/2)=0$となることから、sが負の偶数のときに$\zeta(s)=0$となることがわかります。実は、関数等式⑯は整数値のsについてはオイラーがすでに1749年に発見していました([12])。

リーマンは、この式⑯をもっと見やすい形に書き換えました。

$$\hat{\zeta}(s)=\pi^{-\frac{s}{2}}\,\Gamma\left(\frac{s}{2}\right)\zeta(s)$$

と定義すれば（記号$\hat{\zeta}$はゼータ・ハットと読みます）、式⑯は、

$$\hat{\zeta}(1-s)=\hat{\zeta}(s) \qquad \cdots\cdots⑰$$

と書き換えられます。実際、この式は、そのまま定義を代入すれば、

$$\pi^{-\frac{1-s}{2}}\Gamma\left(\frac{1-s}{2}\right)\zeta(1-s)=\pi^{-\frac{s}{2}}\Gamma\left(\frac{s}{2}\right)\zeta(s)$$

です。この式をガンマ関数の二つの公式、

$$\Gamma(s)=\Gamma\left(\frac{s}{2}\right)\Gamma\left(\frac{1+s}{2}\right)2^{s-1}\pi^{-\frac{1}{2}}$$

$$\Gamma\left(\frac{1+s}{2}\right)\Gamma\left(\frac{1-s}{2}\right)=\frac{1}{\cos\left(\frac{\pi s}{2}\right)}$$

を使って変形すれば、式⑯が出てきます。式⑰は、「点1/2に関する点対称性」を表します。

$\hat{\zeta}(s)$は「完備ゼータ関数」と名付けられています。これは式⑰のような綺麗な対称性を持つだけでなく、もっと深い意味を持っています。282ページで解説したように、$\Gamma(s)$が負の整数nを極に持つ（$1/(s-n)$を因子に持つことから値が∞になる）ので、$\Gamma(s/2)$は負の偶数$2n$を極に持ちます（$1/(s-2n)$を因子に持つ）。他方、前に述べたように、$\zeta(s)$は負の偶数$2n$を零点とします（$(s-2n)$を因子に持つ）。実数の零点はこれのみです。したがって、これらを掛け合わせた$\hat{\zeta}(s)$は、零点と極の打ち消し合いによって負の偶数を零点に持たなくなるのです。つまり、$\hat{\zeta}(s)$の零点は実数でない零点、「虚の零点」、のみとなります。

ここで式⑰の証明のポイントだけ述べます。

$$\varphi(t)=e^{-\pi 1^2 t}+e^{-\pi 2^2 t}+e^{-\pi 3^2 t}+\cdots$$

と定義すれば（テータ関数と呼ばれる）、

$$\hat{\zeta}(s) = \int_0^{\infty} \varphi(t)\left(y^{\frac{s}{2}} + y^{\frac{1-s}{2}}\right) \frac{dy}{y} - \frac{1}{s(1-s)}$$

と表すことができます。この式で変数sを変数$1-s$にとりかえても式は不変です（詳しくは[11]）。

難攻不落のリーマン予想

リーマンは、$\zeta(s)$の虚の零点（$\hat{\zeta}(s)$の零点）について考察をしました。そして、

「$\zeta(s)$の虚の零点の実部は、すべて1/2である」

という予想を述べました（虚の零点とは、実数ではない零点のこと）。言い換えると、実数でないsに対し

$$\hat{\zeta}(s) = 0 \Rightarrow s = \frac{1}{2} + bi \qquad (b\text{は実数})$$

ということです。これが有名な「リーマン予想」です。150年以上にわたって数学者の挑戦を退けています。「零点の実部がすべて1/2」ということは、図のように、虚軸に平行な直線上に零点が並んでいることを意味します。

リーマンは手計算で、

$$s = \frac{1}{2} + (14.13\cdots)i$$

が虚の零点であることを発見しています。関数等式から、

図 名人-4

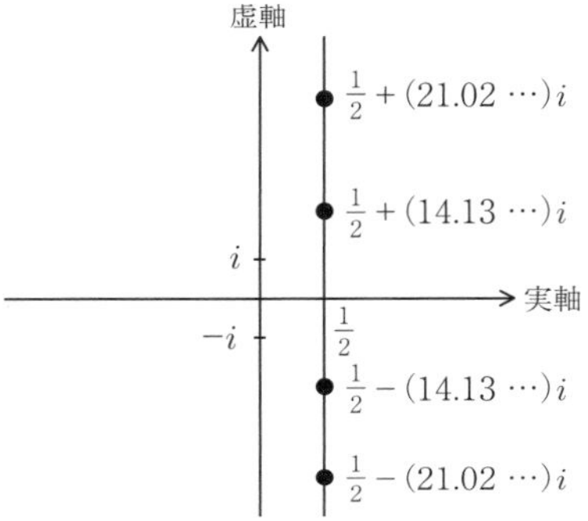

$$1-s=\frac{1}{2}-(14.13\cdots)i$$

も虚の零点になります。他にも、

$$\frac{1}{2}\pm(21.02\cdots)i,\quad \frac{1}{2}\pm(25.01\cdots)i$$

なども虚の零点として知られています。この予想が正しいと数学者たちが信じるのは、他のゼータ関数であるセルバーグ・ゼータ関数や合同ゼータ関数に対しては、リーマン予想の類似物が証明されているからです。また、リーマン予想が正しければ素数の分布について、いろいろ解決することが知られています。

リーマン予想はこの本を書いている今も未解決ですが、わかっていることもあります。普通、虚の零点は ρ（ギリシャ文字のロー）と記します。ρ について、

$$0<(\rho\ の実部)<1$$

という不等式が証明されています。

1<(sの実部)に$\hat{\zeta}(s)$の零点が存在しないことは、「オイラー積」が(0でない数に)収束することからわかります。(sの実部)=1に$\hat{\zeta}(s)$の零点が存在しないことも、計算は面倒ですが、証明できます([11])。したがって、1≦(sの実部)の範囲に$\hat{\zeta}(s)$の零点は存在しません。すると、関数等式から、(sの実部)≦0にも零点が存在しないことがわかります。これから、0<(ρの実部)<1、が示されます。

虚の零点はどのように分布しているか?

虚の零点($\hat{\zeta}(s)=0$となるs)について、他にもいろいろわかっています。たとえば、0<ρの虚部≦Tを満たす零点ρ(図 名人-5の範囲の零点)の個数を$N(T)$と記すとき、評価式、

$$N(T+1)-N(T)=O(\log T) \qquad (T\to\infty)$$

が成り立ちます。ランダウ記号の意味は、「T<(ρの虚部)≦$T+1$を満たす零点の個数は、$\log T$の定数倍以下で抑えられる」ということです。

以下、この評価式の証明の概略を書きます([11])。ポイントは、完備ゼータ関数$\hat{\zeta}(s)$の「解による因数分解」によります。294ページで、たいていの関数$f(x)$に対して、

$$f(x)=(\text{定数})\left\{\left(1-\frac{x}{\text{解}}\right)\text{の積}\right\}$$

という因数分解が成り立つことを説明しましたが、これを完備ゼー

タ関数に適用するのです。完備ゼータ関数$\hat{\zeta}(s)$について、零点は$\hat{\zeta}(s)$の虚の零点のすべてにわたりますが、極(値が∞になる点)を$s=0,\ 1$に持ちます。ですから、$s(1-s)$を掛けることで極を消します。$s(1-s)\hat{\zeta}(s)$の「解のよる因数分解」は、「アダマール積表示」と呼ばれますが、以下のようになります。

図 名人-5

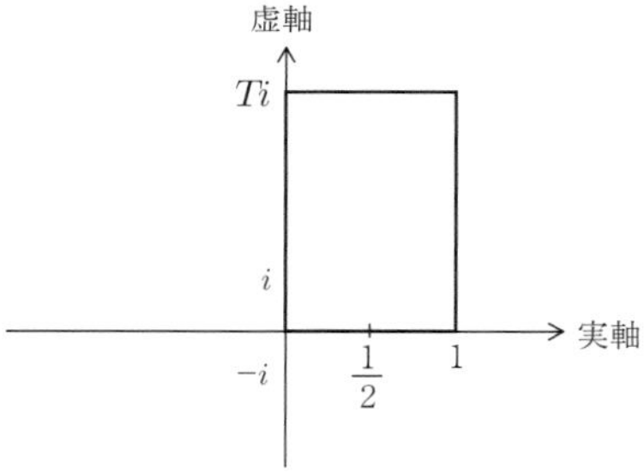

$$s(1-s)\ \hat{\zeta}(s)=-e^{as}\left\{\left(1-\frac{s}{\rho}\right)e^{\frac{s}{\rho}}\text{のすべての}\ \rho\ \text{にわたる積}\right\}$$

右辺のaは特定の定数です。ここで、$\hat{\zeta}(s)$を$\pi^{-\frac{s}{2}}\Gamma\left(\frac{s}{2}\right)\zeta(s)$に戻して、両辺の対数をとると、

$$\log\left\{s(1-s)\pi^{-\frac{s}{2}}\Gamma\left(\frac{s}{2}\right)\zeta(s)\right\}$$

$$=\log\left\{-e^{as}\left(\left(1-\frac{s}{\rho}\right)e^{\frac{s}{\rho}}\text{の}\ \rho\ \text{にわたる積}\right)\right\}$$ ……⑱

対数法則$\log(ab)=\log a+\log b$を用いて、

$$\text{左辺}=\log s+\log(1-s)+\log\ \pi^{-\frac{s}{2}}+\log\Gamma\left(\frac{s}{2}\right)+\log\zeta(s)$$

この式を微分すると、合成関数の微分公式、$\{\log f(s)\}'=f'(s)/f(s)$、から、

$$\text{左辺の微分}=\frac{1}{s}-\frac{1}{1-s}-\frac{\log\pi}{2}+\frac{\Gamma'\left(\frac{s}{2}\right)}{2\Gamma\left(\frac{s}{2}\right)}+\frac{\zeta'(s)}{\zeta(s)} \qquad \cdots\cdots⑲$$

右辺について同じことを行うと、

$$\text{右辺}=\log(-e^{as})+\left\{\log\left(1-\frac{s}{\rho}\right)+\frac{s}{\rho}\text{のすべての}\rho\text{にわたる和}\right\}$$

$$\text{右辺の微分}=a+\left(\frac{1}{s-\rho}+\frac{1}{\rho}\text{のすべての}\rho\text{にわたる和}\right) \qquad \cdots\cdots⑳$$

となります。⑱式から、(左辺の微分)=(右辺の微分)がすべての複素数sに対して成り立っています。そこで、この等式に特定の値$s=2+Ti$を代入します。つまり、実部が2の直線上でこの式を評価する、ということです。左辺の微分については、最初の3項の絶対値が

$$\left|\frac{1}{2+Ti}-\frac{1}{-1-Ti}-\frac{\log\pi}{2}\right|$$

となり、分母の複素数の実部が定数であることから、この項は定数で抑えられます。左辺の第4項の絶対値については、

$$\left|\frac{\Gamma'\left(\frac{s}{2}\right)}{2\Gamma\left(\frac{s}{2}\right)}\right|=O(\log T) \qquad (T\to\infty)$$

が知られています。つまり、絶対値の大きさは$\log T$の定数倍で抑えられる、ということです。第5項$\zeta'(s)/\zeta(s)$についても、その絶対値は定数で抑えられることがわかっています。以上より、左辺の

絶対値、したがって実部は$\log T$の定数倍で抑えられることがわかりました。よって、⑳に$s=2+Ti$を代入した式も実部は$\log T$の定数倍で抑えられることになりますから、

$$\left(\frac{1}{2+Ti-\rho}+\frac{1}{\rho}\text{のすべての}\rho\text{にわたる和}\right)\text{の実部}=O(\log T)\quad (T\to\infty)$$

とわかります。これについて、$\rho=\beta+i\gamma$と置くと、$0<\beta<1$より

$$\left(\frac{1}{2+iT-\rho}+\frac{1}{\rho}\right)\text{の実部}=\frac{2-\beta}{(2-\beta)^2+(T-\gamma)^2}+\frac{\beta}{\beta^2+r^2}$$

$$\geqq\frac{2-\beta}{(2-\beta)^2+(T-\gamma)^2}$$

が成り立ち、$2-\beta$を1に置き換えても、$T\to\infty$におけるオーダーは変わらない。したがって

$$\left(\frac{1}{1+(T-\gamma)^2}\text{の}\rho\text{にわたる和}\right)$$

$$=O\left(\left(\frac{1}{2+iT-\rho}+\frac{1}{\rho}\right)\text{の実部の}\rho\text{にわたる和}\right)=O(\log T)$$

ここで、特に$T<\gamma\leqq T+1$なるρは$\dfrac{1}{1+(T-\gamma)^2}>\dfrac{1}{2}$を満たすので、

$$\frac{N(T+1)-N(T)}{2}\leqq\left(\frac{1}{1+(T-\gamma)^2}\text{の}\rho\text{にわたる和}\right)$$

から$N(T+1)-N(T)=O(\log T)\quad(T\to\infty)$が得られます。

この評価式から、次の性質がわりあい簡単にわかります。

$0<$ (ρの虚部) $\leqq T$ を満たす ρ の $\dfrac{1}{|\rho|}$ の総和 $=O\left((\log T)^2\right)$　$(T\to\infty)$ ……㉑

$0<$ (ρの虚部) $\leqq T$ を満たす ρ の $\dfrac{1}{|\rho|^2}$ の総和は $T\to\infty$ で収束　……㉒

式㉑は以下のように示されます。まず、ρ の虚部が0より大で1以下のものは有限個なので、その部分の和は有限です。そこで、ρ の虚部が1以上のものを評価します。

$m\leqq$ (ρの虚部) $<m+1$ なる ρ については、

$$\frac{1}{|\rho|}\leqq\frac{1}{|0+mi|}=\frac{1}{m}$$

が満たされます。その個数は $N(m+1)-N(m)$ ですから、評価式から $\log m$ の定数倍程度で抑えることができます。したがって、$m\leqq$ (ρの虚部) $<m+1$ なる ρ についての $1/|\rho|$ の和は、

$$O\left(\frac{1}{m}\log m\right)$$

の水準となります。これから、

$0<$ (ρの虚部) $<T$ を満たす ρ の $\dfrac{1}{|\rho|}$ の総和

$$=O\left(\frac{1}{2}\log 2+\frac{1}{3}\log 3+\frac{1}{4}\log 4+\cdots+\frac{1}{T}\log T\right)$$

となります。最後の項は

$$O\left(\frac{1}{2}\log 2+\frac{1}{3}\log 3+\frac{1}{4}\log 4+\cdots+\frac{1}{T}\log T\right)$$
$$=O\left(\log T\left(\frac{1}{2}+\frac{1}{3}+\cdots+\frac{1}{T}\right)\right)=O\left(\log T\times\log T\right)$$

となって、式㉑が示されます。

ここで、

$$\frac{1}{2}+\frac{1}{3}+\cdots+\frac{1}{T}=O(\log T)$$

は、$y=\dfrac{1}{x}$のグラフに**図 名人-3**のように直方形をはめ込むことで得れます。式㉒は、上記の計算を、

$$\frac{1}{|\rho|^2} \leqq \frac{1}{m^2}$$

と変更すれば、ランダウ記号の部分が、

$$O\left(\frac{1}{2^2}\log 2+\frac{1}{3^2}\log 3+\frac{1}{4^2}\log 4+\cdots+\frac{1}{T^2}\log T\right)$$

となるので、例えば、$\log T/T^2 \leqq \sqrt{T}/T^2=1/T^{1.5} (T>2)$、などから和の収束がわかります（$\zeta(1.5)$より小さい）。

評価式、式㉑、式㉒から、虚の零点の分布のおおよその様子はわかりますが、個数が無限か有限かはわかりません。もっと精密な評価として、

$$N(T)=\frac{T\log T}{2\pi}-\frac{1+\log 2\pi}{2\pi}T+O(\log T) \qquad (T\to\infty)$$

が知られています（[11]）。これによって、$N(T)$はおおよそ$T\log T/(2\pi)$の水準であることがわかりますから、虚の零点が無限個であることが示されます。

素数の個数をぴったり計算する式

虚の零点を用いると、x以下の素数の個数$\pi(x)$を正確に計算する式を得ることができます。それもリーマンの1859年の論文での偉業です。その式は、

（リーマンの明示公式）

$$\pi(x)=\sum_{m=1}^{\infty}\frac{\mu(m)}{m}\left(\mathrm{Li}(x^{\frac{1}{m}})-\sum_{\rho}\mathrm{Li}(x^{\frac{\rho}{m}})+\int_{x^{\frac{1}{m}}}^{\infty}\frac{du}{(u^2-1)\,u\log u}-\log 2\right)$$

というものです（右辺の2番目のΣは虚の零点ρにわたる和を表す）。ここで、Li（＊）は219ページで解説した対数積分、μ（＊）はメビウス関数です（メビウス関数$\mu(n)$とは、nが偶数個の異なる素数の積のとき1をとり、奇数個の異なる素数のとき−1をとり、それ以外では0となる関数（特別に$\mu(1)=1$））。

この式が得られるのは、おおざっぱには、

$\zeta(s)$＝（素数すべてに関する積）＝（虚の零点すべてに関する積）

という等式があるからです。「素数すべてに関する積」は301ページの「オイラー積」④、「虚の零点すべてに関する積」は前節の「アダマール積」です。

この公式は、x以下の素数の個数$\pi(x)$を虚の零点によって正確に計算する式となっています。「素数の分布の不規則具合は、ゼータ関数の虚の零点によって支配されている」ということが判明したわけです。

これはみごとな公式ですが、Li（＊）やμ（＊）や積分計算が入っているため、一般の読者にはわかりにくいものです。そこで本書では、チェビシェフ第2関数（79ページ）$\psi(x)$を虚の零点から計算する公式を中心に解説することにします。xは、素数pのべきがあるたびに$\log p$を加える関数でしたが、以下のようなみごとな公式が存在します（厳密な証明は[22]）。

（フォン・マンゴルトの明示公式）

$$\psi(x)=x-\left(\frac{x^{\rho}}{\rho}\text{ の}\rho\text{についての総和}\right)-\frac{1}{2}\log\left(1-\frac{1}{x^{2}}\right)-\log(2\pi) \quad \cdots\cdots ㉓$$

この式は、「x以下の素数についてべき乗の個数ずつその対数を足し算した値が、虚の零点に関する計算で表される」ということを意味します。リーマンの式よりはだいぶわかりやすい形になっています。この式を発見したのは、ドイツの数学者フォン・マンゴルトで、1895年のことです。彼は、リーマンの論文を再検討していて、この公式にたどりついたとのことです（[12]）。

明示公式から素数定理を証明する

「フォン・マンゴルトの明示公式」が得られたことの最大の成果は、「素数定理」が証明できることです。「素数定理」については、73ページで紹介し、五段編で「直感的な証明」を与えました。ここでは、どうやって厳密な証明を得るか紹介しますが、残念ながら、これも概説になってしまいます。

「素数定理」とは、

$$\pi(x) \sim \frac{x}{\log x} \qquad (x \to \infty)$$

というものでした。この近似式を、チェビシェフ第1関数$\theta(x)$とチェビシェフ第2関数$\psi(x)$を用いて、次の二つの補題を使って導きます。ちなみに、チェビシェフ第1関数$\theta(x)$は、「x以下の素数pに対する$\log p$の総和」だったことを思い出してください。

〈補題1〉

$$\psi(x) \sim x \qquad (x \to \infty)$$

〈補題2〉

任意の$x \geqq 2$と任意の$0<\varepsilon<1$に対して、

$$\frac{\theta(x)}{\log x} \leqq \pi(x) \leqq \frac{1}{1-\varepsilon}\,\frac{\theta(x)}{\log x} + x^{1-\varepsilon}$$

この二つの補題が示されさえすれば、「素数定理」を証明するのは以下のように簡単です。まず、九段編248ページの式⑪を持ってきます。以下でした。

$$\psi(x)-2\psi(\sqrt{x}) \leqq \theta(x) \leqq \psi(x)$$

補題1を使えば、$(\psi(x)-2\psi(\sqrt{x})) \sim (x-2\sqrt{x})$と、$(x-2\sqrt{x}) \sim x$とから、$(\psi(x)-2\psi(\sqrt{x})) \sim x$が得られます。右辺でも$\psi(x) \sim x$です。よって、

$$\theta(x) \sim x \qquad (x \to \infty)$$

となります。すると、補題2の不等式において、

$$(\text{左側の式}) \sim \frac{x}{\log x}, \ (\text{右側の式}) \sim \frac{1}{1-\varepsilon}\ \frac{x}{\log x} + x^{1-\varepsilon}$$

が得られます。ここで、

$$(\text{右側の式}) \div \frac{x}{\log x} \sim \frac{1}{1-\varepsilon} + \frac{\log x}{x^{\varepsilon}}$$

となりますが、任意の固定した$0<\varepsilon<1$に対して、

$$\frac{\log x}{x^{\varepsilon}} \to 0 \qquad (x \to \infty)$$

(例えば、$\varepsilon=1/2$ならば、$x^{\varepsilon}=\sqrt{x}$であり、これは$\log x$よりも急激に大きくなる）だから、

$$(\text{右側の式}) \sim \frac{x}{\log x}$$

もわかります。まとめると、左側$\sim\frac{x}{\log x}$、右側$\sim\frac{x}{\log x}$から補題2の両側ともに$\sim\frac{x}{\log x}$となるので、真ん中にある$\pi(x)$についても、$\pi(x)\sim\frac{x}{\log x}$となります。以上で、「素数定理」が証明されました。

補題1の証明はどうやるのでしょうか。これは大変なので、ポイントのみを解説します。とりわけ、ランダウ記号の中身の関数を明記せず、単に$O(f_k)$とだけ記していきます(f_kは$\log T$で記述される程度の関数で、極限をとると無視できる)。

まず、フォン・マンゴルトの明示公式から、

$$\psi(t) = t - \left(\frac{t^{\rho}}{\rho}\text{の}(\rho\text{の虚部}) \leqq T\text{についての総和}\right) + O(f_1) \qquad \cdots\cdots ㉔$$

が得られます。この両辺を積分すると、

$$\int_2^x \psi(t)\,dt=\int_2^x \left\{t-\left(\frac{t^{\rho}}{\rho}\,\text{の}(\rho\text{の虚部})\leqq T\text{についての総和}\right)+O(f_1)\right\}dt$$

右辺を積分計算すれば、

$$\int_2^x \psi(t)\,dt=\frac{x^2}{2}-\left(\frac{x^{\rho+1}}{\rho(\rho+1)}\,\text{の}(\rho\text{の実部})\leqq T\text{についての総和}\right)+O(f_2)$$

ポイントになるのは右辺の第2項の評価です。324ページで説明したように、0<（ρの実部）<1、が示されていることから、$|x^{\rho+1}|<x^2$が全x（$\geqq 2$）に成り立ち、

$$\left|\frac{x^{\rho+1}}{\rho(\rho+1)}\,\text{の}(\rho\text{の実部})\leqq T\text{についての総和}\right|$$
$$<\left(x^2\left\{\frac{1}{|\rho|^2}\,\text{の}(\rho\text{の実部})\leqq T\text{についての総和}\right\}\right)$$

ここで329ページで示した虚の零点の性質㉒から右辺の｛　｝の中身は$T\to\infty$で収束します。したがって、左辺はx^2より小さい関数で抑えられることがわかります。以上から、

$$\int_2^x \psi(t)\,dt=\frac{x^2}{2}+O(f_3)$$

が得られます。この両辺を微分すれば、$\psi(x)\sim x$となります（本当はランダウ記号の入った等式の微分は許されませんが、本質的には微分と同じような作業をして、$\frac{x^2}{2}$を作り出し、残余の部分の大きさを評価すればよいので、これで済ませました）。

次に補題2ですが、これはチェビシェフが1850年ごろに証明したとのことです。補題2の左側の不等式は、x以下の最大の素数を

pとして、

$$\theta(x)=\log 2+\log 3+\cdots+\log p$$
$$\leqq \log x+\log x+\cdots+\log x=\pi(x)\log x$$

からわかります。そして、右側の不等式は、以下のように導出します。

$$\theta(x)\geqq(x^{1-\varepsilon}<p\leqq x\text{なる素数}p\text{をわたる}\log p\text{の総和})$$
$$\geqq(x^{1-\varepsilon}<p\leqq x\text{なる素数}p\text{をわたる}\log x^{1-\varepsilon}\text{の総和})$$
$$=(\pi(x)-\pi(x^{1-\varepsilon}))\log x^{1-\varepsilon}$$
$$=(\pi(x)-\pi(x^{1-\varepsilon}))(1-\varepsilon)\log x$$
$$\geqq(\pi(x)-x^{1-\varepsilon})(1-\varepsilon)\log x$$

最後の不等式は$\pi(x^{1-\varepsilon})$の方が明らかに$x^{1-\varepsilon}$以下であることから出ます。

両辺を$(1-\varepsilon)\log x$で割って、$x^{1-\varepsilon}$を移項すれば、補題2の不等式となります。以上から、おおざっぱであったものの「素数定理」の証明のポイントが完了しました。

ペロンの公式

最後に「フォン・マンゴルトの明示公式」の証明をしましょう。これも「明示公式」そのものではなく、式㉔が成り立つ理由を説明することにします([11])。複素積分における「コーシーの積分公式」が威力を発揮することになります。

まず、「ペロンの公式」と呼ばれる公式を説明しましょう。$\{a_n\}$を与えられた複素数の数列として、次のような関数を定義します。

$$L(s)=\frac{a_1}{1^s}+\frac{a_2}{2^s}+\frac{a_3}{3^s}+\frac{a_4}{4^s}+\cdots \qquad \cdots\cdots ㉕$$

（ただし、$L(s)$は（sの実部）>1で絶対収束するものとする）。これは、ゼータ関数の各分数の分子を与えられた数列$\{a_n\}$としたもので、ゼータ関数の仲間です（L関数と呼ばれる）。このとき、数列$\{a_n\}$の和を関数$L(s)$から逆算する公式が「ペロンの公式」なのです。

〈ペロンの公式〉

$c>1$に対して、

$$(n \leqq x \text{なる} a_n \text{の総和})=\frac{1}{2\pi i}\int_{c-Ti}^{c+Ti} L(s)\frac{x^s}{s}ds+O(g_1) \qquad \cdots\cdots ㉖$$

が成り立つ（ランダウ記号の中身は省略するが、g_1は$(\log x)^2$と$\dfrac{x}{T}$の関数で表せる程度の式で、極限をとると無視できる）。

この式の証明の概要は以下です。右辺の第1項に式㉕の右辺を代入すれば、

$$\frac{1}{2\pi i}\int_{c-Ti}^{c+Ti} L(s)\frac{x^s}{s}ds$$

$$=\left\{a_n \ \frac{1}{2\pi i}\int_{c-Ti}^{c+Ti} \frac{1}{n^s}\frac{x^s}{s}ds \text{の} n=1, 2, 3,\cdots \text{に関する総和}\right\} \qquad \cdots\cdots ㉗$$

ここで、右辺の積分の部分、

$$\frac{1}{2\pi i}\int_{c-Ti}^{c+Ti} \frac{1}{n^s}\frac{x^s}{s}ds=\frac{1}{2\pi i}\int_{c-Ti}^{c+Ti} \frac{(x/n)^s}{s}ds$$

を計算します。結論を先に言うと、この積分は、

$x/n<1$のとき、$0+O(g_2)$、
$x/n=1$のとき、$1/2+O(g_3)$、
$1<x/n$のとき、$1+O(g_4)$ ……㉘

となります。したがって、式㉗の右辺は、$x/n<1$に対しては0となって消えてしまい、($n \leqq x$なるa_nの総和)$+O(g_5)$となって($n=x$のとき1/2ですが、影響は小さいので無視できます)、式㉖が出ます。これで$L(s)$から分子のa_nの和を抜き出すことができました。

この積分計算㉘はコーシーの積分公式(A級編272ページ)から得られるのですが、$1<x/n$について、急所のところを説明します。図のような長方形の周δで次のような積分計算をします。

$$f(y) = \frac{1}{2\pi i}\int_{\delta}\frac{y^s}{s}ds$$

図 名人-6

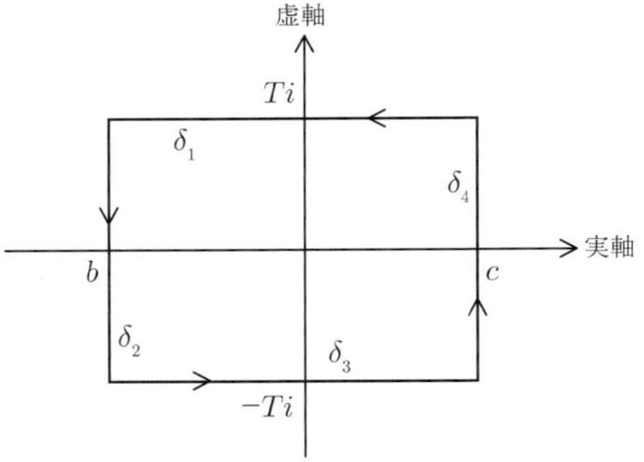

$$\delta=\delta_1+\delta_2+\delta_3+\delta_4$$

積分の中の関数は、$s=0$に1位の極を持っているので、コーシーの積分公式から、$f(y)=y^0=1$となります。したがって、右辺の積分を4つの経路に分割すれば、

$$\frac{1}{2\pi i}\int_{\delta_1}\frac{y^s}{s}ds+\frac{1}{2\pi i}\int_{\delta_2}\frac{y^s}{s}ds+\frac{1}{2\pi i}\int_{\delta_3}\frac{y^s}{s}ds+\frac{1}{2\pi i}\int_{\delta_4}\frac{y^s}{s}ds=1$$

1番目の積分と3番目の積分は経路が実軸上になるように変数変換(例えば、1番目については、$s=u+iT$)をすれば、$b\to-\infty$と$T\to\infty$のもとで0に収束します。第2の積分も経路が実軸上になるように変数変換($s=b+it$と変換する)すれば、$b\to-\infty$のとき0に収束します。したがって、第4項で$T\to\infty$とした積分、

$$\frac{1}{2\pi i}\int_{c-i\infty}^{c+i\infty}\frac{y^s}{s}ds=1$$

がわかります。この計算をもう少し精密に評価すれば、式㉘が得られるのです。

明示公式に到達しよう

フォン・マンゴルトの明示公式㉔は、$\zeta'(s)/\zeta(s)$を2通りに計算することで得られます。

$\zeta'(s)/\zeta(s)$は$\log\zeta(s)$を微分したものですが、$\log\zeta(s)$は式⑪ですから、その微分は式⑫等を微分したものの和となります。式⑪と式⑫を再掲します。

$$-\log\left(1-\frac{1}{2^s}\right)-\log\left(1-\frac{1}{3^s}\right)-\cdots \qquad \cdots\cdots⑪$$

$$-\log\left(1-\frac{1}{2^s}\right)=\frac{1}{1}\frac{1}{2^s}+\frac{1}{2}\frac{1}{2^{2s}}+\frac{1}{3}\frac{1}{2^{3s}}+\cdots+\frac{1}{k}\frac{1}{2^{ks}}+\cdots \qquad \cdots\cdots ⑫$$

式⑫のsについての微分は、k番目の項について計算すると、$\frac{1}{2^{ks}}=e^{-ks\log 2}$より、

$$\left(\frac{1}{k}\frac{1}{2^{ks}}\right)'=-\frac{\log 2}{2^{ks}}=-\frac{\log 2}{(2^k)^s}$$

となります。他の素数についても同じなので、$\log\zeta(s)$の微分$\zeta'(s)/\zeta(s)$は、

$$\frac{\zeta'(s)}{\zeta(s)}=\frac{a_1}{1^s}+\frac{a_2}{2^s}+\frac{a_3}{3^s}+\frac{a_4}{4^s}+\cdots$$

において、

$a_n=-\log p$（nが素数pのべきのとき），

$a_n=0$　（他のとき）、

となります。したがって、この数列a_nの(-1)倍を足したものはまさにチェビシェフ第2関数$\psi(x)$ですから、

（$n\leqq x$なるa_nの総和）$=-\psi(x)$

がわかります。一方、ペロンの公式㉖において、$L(s)=\zeta'(s)/\zeta(s)$とおけば、

$$\psi(x)=-(n\leqq x\text{なる}\,a_n\text{の総和})=-\frac{1}{2\pi i}\int_{c-Ti}^{c+Ti}\frac{\zeta'(s)}{\zeta(s)}\frac{x^s}{s}ds+O(g_1)$$

が得られます。ここで、式⑱⑲⑳から、

$$\frac{1}{s}-\frac{1}{1-s}-\frac{\log\pi}{2}+\frac{\Gamma'\left(\frac{s}{2}\right)}{2\Gamma\left(\frac{s}{2}\right)}+\frac{\zeta'(s)}{\zeta(s)}$$
$$=a+\left(\frac{1}{s-\rho}+\frac{1}{\rho}\text{ のすべての}\rho\text{にわたる和}\right)\quad\cdots\cdots㉙$$

ここで、ガンマ関数について、

$$\frac{\Gamma'\left(\frac{s}{2}\right)}{2\Gamma\left(\frac{s}{2}\right)}=-\frac{1}{s}+O\ (g_5)$$

という公式が知られているので、

$$(㉙\text{の左辺})=-\frac{1}{1-s}+\frac{\zeta'(s)}{\zeta(s)}+O(g_5)$$

したがって、

$$\frac{\zeta'(s)}{\zeta(s)}=\frac{1}{1-s}+\left(\frac{s}{\rho\,(s-\rho)}\text{ のすべての }\rho\text{ にわたる和}\right)+O(g_5)$$

なので、両辺にx^s/sをかけて積分すると

$$\frac{1}{2\pi i}\int_{c-Ti}^{c+Ti}\frac{\zeta'(s)}{\zeta(s)}\frac{x^s}{s}ds$$
$$=\frac{1}{2\pi i}\int_{c-Ti}^{c+Ti}\frac{-x^s}{(s-1)\,s}ds$$
$$+\frac{1}{2\pi i}\int_{c-Ti}^{c+Ti}\left(\frac{x^s}{\rho\,(s-\rho)}\text{のすべての}\rho\text{にわたる和}\right)ds+O(g_6)$$

この積分を**図 名人-7**の閉経路δに変更して実行すると、コー

シーの積分公式から、第1項（$s=1$が極）の積分値は$-\frac{x^1}{1}=-x$となります。$s=0$も極になりますが、xによらない定数なので無視できます。同様に第2項（$s=\rho$が極）の積分値は、

$$\left(（\rho\text{の実部}）\leqq T\text{についての}\frac{x^{\rho}}{\rho}\text{の総和}\right)$$

となります。$T\to\infty$とすると、積分路δの中で上記の項は$c-Ti$から$c+Ti$までの線分上での積分が主要項となるので、フォン・マンゴルトの明示公式㉔が得られる次第なのです（[11]）。

図 名人-7

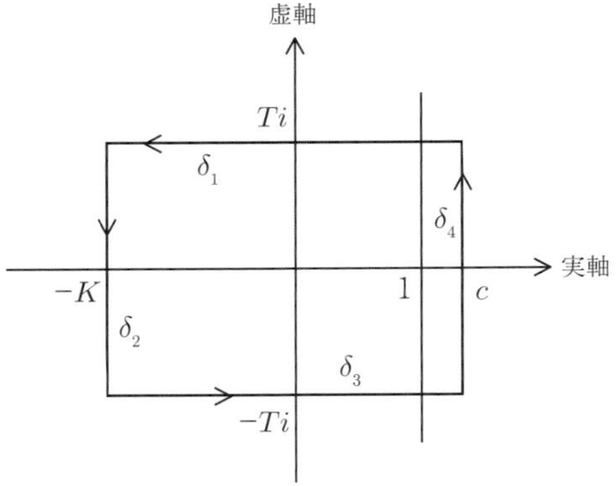

以上のポイントになるのは、$\hat{\zeta}(s)$を2通りの無限積で表したことから、

（オイラー積）=（虚の零点ρについてのアダマール積）

という式を得ることができたことです。コーシーの積分公式を使うと、左辺から素数たちに関する$\psi(x)$が、右辺から

$$x-\left((\rho\text{の実部})\leqq T\text{についての}\,\frac{x^{\rho}}{\rho}\,\text{の総和}\right)$$

が出てくる仕組みなのです。

素数名人の称号！

以上で本書の解説はすべて終わりました。フォン・マンゴルトの明示公式や素数定理に到達したあなたには、「素数名人」の称号を差し上げましょう。素数は、絶妙な規則性と不規則性で数学者を虜にしてきました。まさに「数学の女神」そのものです。そして、数学者だけでなく私たちアマチュア数学愛好家も惹きつけてやみません。それればかりか、素数は暗号技術を通じて、この世界の安全も守ってくれています。こんなステキな数がほかにあるでしょうか。あなたは、その「素数名人」の称号を得るに至ったのです。おめでとうございます。

本書を読んで、もっと詳しく素数を知りたくなったら、参考文献にアタックしてください。また、未解決の超難問「リーマン予想」にチャレンジするのもいいでしょう。あなたが若者であっても、シニアであっても、人生に残り時間がある限り、素数への挑戦はあなたの人生に生きがいと彩りと喜びを与えてくれることでしょう。

あとがき

ぼくは二度、素数に恋をした

ぼくの素数への初恋は、中学1年のときでした。

たしか、遠足か何かのハイキングのとき、一人でとぼとぼ歩いていると、担任の数学の先生が隣について、話をしてくださいました。いろいろな言葉のなか、ぼくを驚かせたのは次の一言でした。「小島、素数だけを作る式を発見したら、ノーベル賞もらえるぞ」。まだ素直な子供だったぼくは、「そんな簡単にノーベル賞がもらえるのか」と真に受けたのです。そして、その日から、素数に挑む毎日になりました。ノートにさまざまな式を書き、どのくらい素数が出てくるか試しました。悪戦苦闘の末、この問題が容易ならない難問であることを悟ったのです。

そこで、手に入る限りの整数論や素数の本を読みあさり、これが二千年以上もの未解決問題であることを知りました。つまり、数学の先生はぼくをかついだのです。その後、ノーベル賞に数学部門がないことも知り、「やられた」と思いました。しかし、時すでに遅く、ぼくは素数の虜になっていました。

当時、素数の本は非常に少なく、ボレル[9]と内山[13]しか手に入りませんでした。前者はおおよそ読めましたが、後者には歯が立ちませんでした。それでぼくは、大学で数学を学ぶしか手はない、とばかり数学科に進む決意をしました。

大学ではなんとか数学科には進学できましたが、そこからが苦難の道でした。４年のゼミ選択時、整数論の先生は一人しかおらず、希望者が多かったため、成績の悪いぼくは落とされてしまいました。そのゼミはゼータ関数を勉強するものだったので、ぼくは素数に振られてしまう顛末になったわけです。

大学院入試にも失敗したぼくは、数学の道を諦めました。塾講師で生計を立てながら、経済学の道に進みました。経済学者となってから、研究活動の傍ら、素数と二度目の出会いを果たすことになります。本書の編集者・成田恭実さんの企画で、数学者の黒川信重さんと黒川・小島[25]の共著を作ることになった時です。黒川さんは、素数とゼータ関数の専門家です。黒川さんがリーマン予想に真摯に取り組む姿勢を見て、ぼくの数学への興味が復活しました。黒川さんの数学観を聞くうち、ぼくの数学に対する感覚が一変したのです。それが、素数への二度目の恋でした。

ぼくは30年の時を経て、未遂に終わったゼータ関数の勉強を開始することになりました。中学生のときのワクワク・ドキドキの気持ちが戻ってきました。その勉強の成果が本書です。

実はこの本を執筆中に、中学の数学の先生から、当時のぼくのノートが送られてきました。先生が大切に保管していたものを50年の時を経て返送してくださったのでした。ノートを見て、ぼくは懐かしくなりました。つたない字で、計算がびっしり書かれていました。ぼくは大学の数学科で、大事なことを見失ったのです。手当たり次第に計算し、素数と親しむ、そういう純粋な心を失くしていました。このノートはきっと、ぼくに素数への三度目の恋をもたらすことになるでしょう。

本書は初稿段階で、Purdue大学の数学者で親友の松木謙二さんと、東大物性研究所の物理学者で親友の加藤岳生さんに査読をお願いしました。お二人の助言で、本書は大きく改善されました。数学には見放されたぼくですが、友人には恵まれていました。お二人に深い感謝をいたします。もちろん、誤謬が残っていてもそれは著者の責任であることは言うまでもありません。

本書の編集では、またまた技術評論社の成田恭実さんにお世話になりました。彼女とはもう７冊目の仕事になります。彼女の数学愛が、この本をすばらしい仕上がりにしてくれました。ここに最大限のお礼を申し上げます。

2021年８月　終わりの見えないコロナ禍の中で

小島寛之

参考文献、かつ、お勧めの本

■素数本　参考文献

〔1〕OLIVER, R.J.L and SOUNDARARAJAN, K“UNEXPECTED BIASES IN THE DISTRIBUTION OF CONSECUTIVE PRIMES”, 2016.

〔2〕BOOKER, A.R.“ON MULLIN' S SECOND SEQUENCE OF PRIMES”, 2013

〔3〕黒川信重『絶対数学の世界』青土社, 2017

〔4〕Green, B. and Tao, T. “The primes contain arbitrarily long arithmetic progressions”, 2008, Annals of Mathematics, 167, 481–547

〔5〕小島寛之『数学オリンピック問題にみる現代数学』講談社ブルーバックス, 1995

〔6〕小野孝『数論序説』裳華房, 1987

〔7〕和田秀男『数の世界』岩波書店, 1981

〔8〕小島寛之『世界は素数でできている』角川新書, 2017

〔9〕エミール・ボレル『素数』白水社クセジュ文庫, 1959

〔10〕高木貞治『解析概論』岩波書店, 1938

〔11〕小山信也『素数とゼータ関数』共立出版, 2015

〔12〕黒川信重『リーマンと数論』共立出版, 2016

〔13〕内山三郎『素数の分布』宝文館出版, 1970

〔14〕Cojocaru, A.C. and Murty, M.R. “An Intorduction to Sieve Methods and their Applications”, Cambridge, 2006

〔15〕小島寛之『完全版　天才ガロアの発想力』技術評論社, 2019

〔16〕山本芳彦『数論入門』岩波書店, 2003

〔17〕小島寛之『ゼロから学ぶ微分積分』講談社, 2001

〔18〕黒川信重『ラマヌジャン探検』岩波書店, 2017

〔19〕小野寺嘉孝『なっとくする複素関数』講談社, 2000

〔20〕山本直樹『複素関数論の基礎』裳華房, 2015

[21] 吉田洋一『函数論』岩波全書, 1965

[22] ハロルド・M・エドワーズ『明解ゼータ関数とリーマン予想』講談社, 2012

[23] 小山信也『「数学をする」ってどういうこと？』技術評論社, 2021

[24] 黒川信重『ガロア理論と表現論』日本評論社, 2014

[25] 黒川信重・小島寛之『21世紀の新しい数学』技術評論社, 2013

■お勧めの文献

1. 素数入門

ボレル［9］は、素数のみにテーマをしぼった著名数学者の名著だが、版切れなのが残念。小島［8］は、本書と対を成す一般向けの素数入門。

2. 初等整数論

和田［7］は、素数に関連する合同式を中心とした、非常にわかりやすい名著。最後の章では、素数生成多項式の完全証明を書ききっている。山本［16］は、2次体の数論の初等的な解説書。平方剰余相互法則とルート数との関係にみごとな解説を繰り広げている。

3. 複素関数の微分積分

小野寺［19］は直感的理解にこだわった好著で、本書での解説に非常に役立った。もう少し厳密性のある解説では、山本［20］が証明と直感のバランスが良い。

4. 解析的数論

ふるい法（Sieve Methods）で素数を分析する専門書では、和書で読みやすいものが筆者には見当たらなかった。対して、Cojocaru and Murty［14］は欧米の数学書特有の、エレガントで明快な解説をしている。英語が苦でなければ、これにチャレンジすることをお勧めしたい。

5. ゼータ関数とリーマン予想

素数を解明するゼータ関数も、難しすぎてめげる専門書が大部分。そんな中、黒川［12］は、オイラー・リーマン・それ後の数学者と、研究の歴史をたどる読みやすい名著だ。また、小山［11］は、厳密でありながら専門外の人間にもどうにか読めるみごとな教科書。本書の名人編は、この二冊にほとんどを負っている。黒川・小島［25］は、筆者がゼータ関数最前線の黒川からリーマン予想解決の戦略を聞き出した白熱の対談本。

索引

〈用　語〉

■ 記号

■ あ行

■ か行

■ さ行

■ た行

■ な行

■ は行

■ ま行

■ や行

■ ら行

〈人　名〉

■ あ行

■ か行

■ さ行

■ た行

■ な行

■ は行

■ ま行

■ や行

■ ら行

著者略歴

小島 寛之（こじま ひろゆき）

1958年東京都生まれ。東京大学理学部数学科卒業。
同大学院経済学研究科博士課程単位取得退学。経済学博士。
現在、帝京大学経済学部経済学科教授。専攻は数理経済学、意志決定理論。

主な著書—
『使える！経済学の考え方』『数学入門』（以上、ちくま新書）
『ナゾ解き算数事件ノート』『21世紀の新しい数学』『証明と論理に強くなる』
『【完全版】天才ガロアの発想力』
（以上、技術評論社）
『無限を読みとく数学入門』（角川ソフィア文庫）
『数学的推論が世界を変える』（NHK出版新書）
『世界は素数でできている』（角川新書）
『暗号通貨の経済学』（講談社選書メチエ）　　など多数。

知の扉
素数《そすう》ほどステキな数《すう》はない
～素数定理《そすうていり》のからくりからゼータ関数《かんすう》まで～

2021年9月24日　初版　第1刷発行

著　者　小島《こじま》　寛之《ひろゆき》
発行者　片岡　巖
発行所　株式会社技術評論社
東京都新宿区市谷左内町21-13
電話　03-3513-6150　販売促進部
03-3267-2270　書籍編集部

○ブックデザイン　大森　裕二
○本文DTP　水口　紀美子

印刷／製本　株式会社加藤文明社

定価はカバーに表示してあります。

造本には細心の注意を払っておりますが、万一、乱丁（ページの乱れ）や落丁（ページの抜け）がございましたら、小社販売促進部までお送りください。
送料小社負担にてお取り替えいたします。
ISBN978-4-297-12271-3 C3041
Printed in Japan